新装版 好きになる数学入門　1 方程式を解く —— 代数

新装版

好きになる数学入門

宇沢弘文 著

1

方程式を解く
――代数

岩波書店

本シリーズは『好きになる数学入門』シリーズ全 6 巻(初版 1998 ～ 2001 年)の判型を変更し，新装版として再刊したものです．

はしがき

『好きになる数学入門』(全6巻)は中学1年，2年から高校の高学年のみなさんを念頭に入れながら，数学の考え方をできるだけやさしく解説したものです．算数のごく初歩的な知識だけを前提として，一歩一歩ていねいに説明してありますので，社会に出た大人の人も理解できるのではないかと思っています．

この『好きになる数学入門』は，みなさんが数学の考え方をたんに知識として理解するだけでなく，数学の考え方を使っていろいろな問題をじっさいに解いたり，また必要に応じて新しい考え方を自分でつくり出せるようになることを目的として書きました．その内容も，数学の考え方を体系的に説明するのではなく，いろいろな数学の問題をどのような考え方を使って解くかということが中心となっています．みなさんの一人一人ができるだけ数多くの問題をじっさいに自分で解くことを通じて，数学の考え方を身につけることができるように配慮してあります．

数学を学ぶプロセスは言葉を身につけるのと同じです．母親は生まれたばかりの赤ちゃんに対して絶えず話しかけます．赤ちゃんが母親の言葉を理解できないのはわかっていますが，母親はそれでも，赤ちゃんがおもしろいと思い，興味をもてそうなテーマをえらんで，愛情をもって絶えず話しかけるわけです．赤ちゃんもそれに応えて，できるだけ母親の言葉を理解しようとし，また不完全ながら自分で話すことを練習し，努力を積み重ねて，やがて完全な言葉を身につけてゆきます．数学を学ぶプロセスもまったく同じです．この『好きになる数学入門』も，みなさんがおもしろいと思い，興味をもつことができそうな問題をできるだけ数多くえらんで，いろいろな数学の考え方を説明すると同時に，みなさんが自分でじっさいに問題を解くことを通じて，「数学」という言葉を身につけることができるようにという意図をもって書きました．

数学は言葉とならんで，人間が人間であることをもっとも鮮明にあらわすものです．しかも文学や音楽と同じように，毎日毎日の努力を積み重ねてはじめて身につけることができます．この点，数学は山登りと同じ面をもっています．山登りは自分のペースに合わせて，ゆっくり，あせらず，一歩一歩確実に登ってゆくと，気がついたときには信じられないほど高いところまで来ていて，すばらしい展望がひらけています．数学も，決してあせらず，一歩一歩確実に学んでゆくと，とてもむずかしくて，理解できないと思っていた問題もすらすら解けるようになります．この『好きになる数学入門』の最終巻の最後の章では，太陽と惑星の運動にかんするケプラーの法則からニュートンの万有引力の法則を導き出すという有名な命題を証明します．この命題から輝かしい近代科学が生まれたわけですが，その証明はたいへんむずかしく，ニュートンの天才的頭脳をもってしてはじめて可能になったものです．しかし，このシリーズをていねいに一歩一歩確実に学んでゆけば，ニュートンの命題の証明もかんたんに理解できるようになります．

『好きになる数学入門』はつぎの6巻から構成されています．

1　方程式を解く——代数
2　図形を考える——幾何
3　代数で幾何を解く——解析幾何
4　図形を変換する——線形代数
5　関数をしらべる——微分法
6　微分法を応用する——解析

各巻のタイトルからわかると思いますが，内容的にはかなりむずかしい，高度な数学が取り上げられています．なかには，大学ではじめて学ぶ数学も少なくありません．しかし，上に述べたように，中学1,2年のみなさんはもちろん，社会に出た人にもわかるように書いてあります．また，むずかしいと思うところは自由に飛ばしてさきに進んでも大丈夫なようになっています．とくにむずかしいと思われる箇所には☆印がつけてありますので，あとになってから好きなときに読めばよいようになっています．

問題がついている章がありますが，問題の性格はかならずしも統一されていません．比較的かんたんな問題と非常にむずかしい問題とがまざっています．なかには，本文でお話ししようと思いながら，お話しできなかった考え方を使わなければ解けない問題もあり，全体としてむずかしすぎる問題が多くなってしまって申し訳ないと思っています．すべての問題にくわしい解答がついていますので，むずかしいと思ったら遠慮せずに解答をみてください．

なお，みなさんのなかには，大学受験のことを気にしている人もいると思いますが，この『好きになる数学入門』を理解すれば，大学の入学試験に出てくる程度の問題はらくらく解くことができます．数学はちょっとだけ高度の数学の考え方を身につけるとむずかしい問題もかんたんに解けるようになるからです．

この『好きになる数学入門』は，さきに岩波書店から刊行していただいた『算数から数学へ』をもとにして，その内容をもっとくわしくして，さらに発展させたものです．とくに第 1 巻と第 2 巻は説明，問題ともに『算数から数学へ』と重複するところが少なくないことをあらかじめお断わりしておきたいと思います．

『算数から数学へ』に述べたことのくり返しになって恐縮ですが，私は数学ほどおもしろいものはないと思っています．すこし見方を変えたり，これまでと違った考え方をとると，まったく新しい世界が開けてきて，不可能だとばかり思っていた問題がすらすら解けるようになったり，それまで気づかなかった大事なことに気づくようになったりします．しかも数学の世界は美しく，深山幽谷にあそんでいるような気分になります．数学の世界の幽玄さは音楽にたとえられることがよくあります．

数学はまた，たいへん役にたつものです．数学が役にたつというと，みなさんは，計算をうまくして，もうけを大きくすることだと考えるかもしれませんが，それとはまったく違ったことを意味しています．数学の本質は，そのときどきの状況を冷静に判断し，しかも全体の大きな流れを見失うことなく，論理的に，理性的に考えを進めることにあります．数学は，すべての科学の基礎であるだけでなく，私たち一人一人が人生をいかに生きるかについて大切な役割をはたすものだといってもよいと思います．

この『好きになる数学入門』は，みなさんの一人一人がほんとうに数学を好きになってほしいという思いを込めて書いたものです．みなさんのなかから，このシリーズを読んで，数学を好きになり，さらにさきに進んで，数学の高い山々を目指す人が一人でも多く出ることを願って止みません．

『好きになる数学入門』を書くにあたって，数多くの方々のご協力を得ることができました．とくに細田裕子さんには，図の作成から，問題の解答のチェックにいたるまでていねいにしていただきました．また，岩波書店の大塚信一，宮内久男，宮部信明，浅枝千種の方々には，このシリーズの企画から刊行にいたるまでのすべての段階でたいへんお世話になりました．これらの方々に心から感謝したいと思います．

1998年6月

宇沢弘文

『好きになる数学入門』を書くにあたって，数多くの書物，とくにつぎの書物を参照させていただきました．

ジュルジュ・イフラー『数字の歴史』(1981)，松原秀一・彌永昌吉監修，彌永みち代・丸山正義・後平隆訳，平凡社，1988

ヴァン・デル・ウァルデン『数学の黎明——オリエントからギリシアへ』(1950)，村田全・佐藤勝造訳，みすず書房，1984

フロリアン・カジョリ『数学史』(1913)，石井省吾訳註，津軽書房，1970〜74

カール・ボイヤー『数学の歴史』(1968)，加賀美鐵雄・浦野由有訳，朝倉書店，1983〜85

目　次

装画／カット＝飯　箸　　薫

第1章 方程式を使って算術の問題を解く

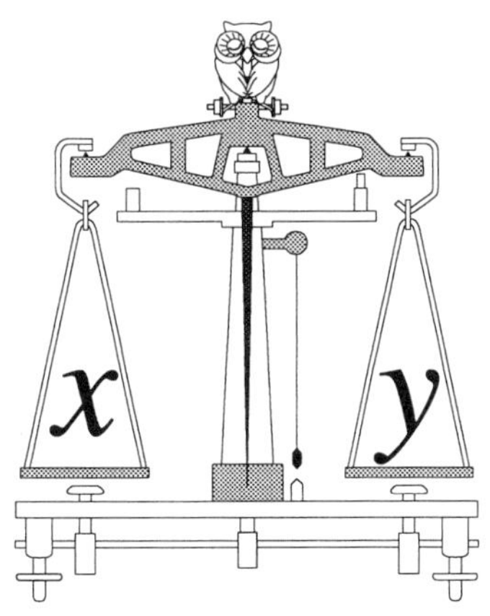

方程式

年齢算や鶴亀算という算術の問題のなかには，たいへんむずかしいものがありますが，代数の考え方を使うとかんたんに解くことができます．代数の考え方というのは算術の問題を方程式の形にあらわして，その解を求めるものです．方程式というのは，左辺と右辺の大きさがお互いに等しく，ちょうど釣り合いがとれていることを意味します．

『九章算術』という1世紀頃書かれた中国の古い数学書がありますが，方程式はその書物の「方程」という章の題名からとったものです．方程という言葉は重さを比べるという意味です．方程師という中国の古い職業がありました．方程師は天秤(てんびん)を肩にかついだり，車に積んで歩いて，ものの重さをはかることを専門としていました．天秤でものの重さをはかるとき，梃子(てこ)の原理を適用します．梃子の一端においたものともう一端においた分銅(ふんどう)がちょうど釣り合いがとれて，梃子が水平になるときの分銅の重さが，梃子の一端においたものの重さになります．方程式の考え方は，この梃子の原理をたくみに使って数学の問題を解くわけです．

1

年齢算を解く

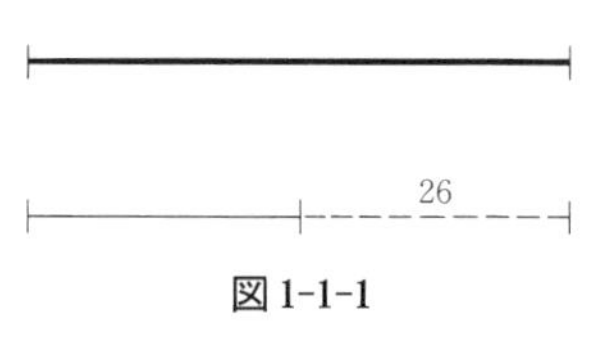

図 1-1-1

例題 1　父は 35 歳，子は 9 歳です．父の年齢が子の年齢の 2 倍になるのは何年後でしょうか．

解答　父の年齢が子の年齢の 2 倍になるのはどんなときかを考えます．父の年齢を太い線であらわし，子の年齢を細い線であらわすと，つぎのようになります．

父の年齢と子の年齢の差

$$35-9=26$$

はずっと変わりませんから，図に示したようになるわけです．

このとき，父の年齢と子の年齢の差は子の年齢と等しくなっていますから，子の年齢は 26 歳になっているはずです．

子の年齢が 26 歳になるのは

$$26-9=17$$

年後，つまりこれが答えです．そのとき，父の年齢は

$$35+17=52$$

歳になります．

$$52=26\times 2$$

ですから，父の年齢が子の年齢の 2 倍になるのは今から 17 年後という答えが正しいことが確認されたわけです．

練習問題

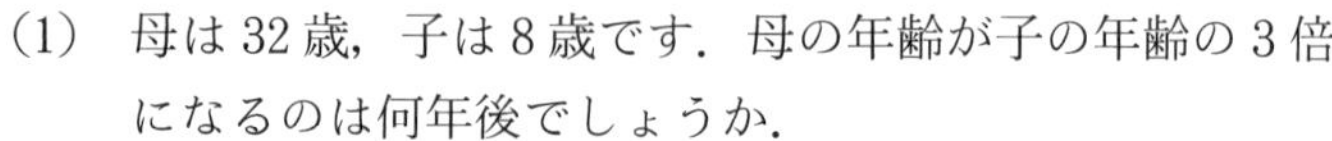

(1)　母は 32 歳，子は 8 歳です．母の年齢が子の年齢の 3 倍になるのは何年後でしょうか．

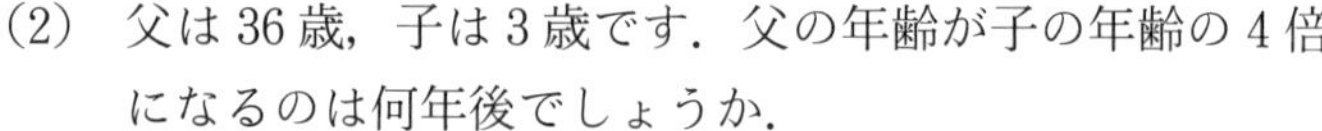

(2)　父は 36 歳，子は 3 歳です．父の年齢が子の年齢の 4 倍になるのは何年後でしょうか．

母の年齢が子の年齢の 3 倍のときには，母と子の年齢の差は，子の年齢の 3−1＝2 倍になっていることに注目する．

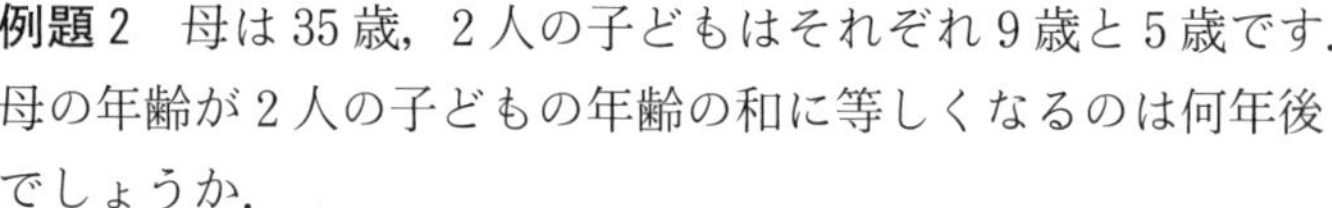

例題 2　母は 35 歳，2 人の子どもはそれぞれ 9 歳と 5 歳です．母の年齢が 2 人の子どもの年齢の和に等しくなるのは何年後でしょうか．

解答　母の年齢から 2 人の子どもの年齢の和を引くと

$$35-(9+5)=35-14=21$$

年になります．この差は，毎年 1 年ずつ縮まります．したがって，母の年齢と 2 人の子どもの年齢の和が等しくなるのは，21 年後になるわけです．

じじつ，21 年後には，母は

$$35+21=56$$

歳になり，2 人の子どもの年齢の和は

$$(9+21)+(5+21)=30+26=56$$

となります．

練習問題

(1) 母は 32 歳，3 人の子どもはそれぞれ 7 歳，4 歳，1 歳です．母の年齢が子の年齢の和に等しくなるのは何年後でしょうか．

(2) 父は 28 歳，母は 26 歳，3 人の子どもはそれぞれ 6 歳，4 歳，2 歳です．父母の年齢の和が子の年齢の和に等しくなるのは何年後でしょうか．

例題 3 父は 35 歳，母は 31 歳，2 人の子どもはそれぞれ 9 歳，5 歳です．父と母の年齢の和が 2 人の子どもの年齢の和の 2 倍になるのは何年後でしょうか．

解答 父と母の年齢の和は

$$35+31=66$$

年となります．一方，2 人の子どもの年齢の和の 2 倍は

$$(9+5)\times 2=14\times 2=28$$

年です．

父と母の年齢の和から 2 人の子どもの年齢の和の 2 倍を引くと

$$66-28=38$$

年になります．この差は毎年 $2\times 2-2=2$ 年ずつ縮まります．したがって，父と母の年齢の和と 2 人の子どもの年齢の和の 2 倍が等しくなるのは $38\div 2=19$ 年後になるわけです．

じじつ，19 年後には，父と母の年齢の和は

$$(35+19)+(31+19)=54+50=104$$

年になり，2 人の子どもの年齢の和は

$$(9+19)+(5+19)=28+24=52$$

年となります．

$$104 = 52 \times 2$$

ですから，父と母の年齢の和が 2 人の子どもの年齢の和の 2 倍になるのは 19 年後という答えが正しいことが確認されたわけです．

父母の年齢の和と子どもの年齢の和の 2 倍の差が毎年 4 年ずつ縮まることに注目．

練習問題

(1) 父は 35 歳，母は 31 歳，3 人の子どもはそれぞれ 10 歳，5 歳，2 歳です．父と母の年齢の和が 3 人の子どもの年齢の和の 2 倍になるのは何年後でしょうか．

(2) 父は 51 歳，母は 46 歳，2 人の子どもはそれぞれ 16 歳，7 歳です．父と母の年齢の和が 2 人の子どもの年齢の和の 3 倍になるのは何年後でしょうか．

年齢算を方程式の考え方を使って解く

年齢算の問題を方程式の考え方を使って解いてみましょう．

例題 1 父は 35 歳，子は 9 歳です．父の年齢が子の年齢の 2 倍になるのは何年後でしょうか．

方程式の考え方を使って解くときには，まず，父の年齢が子の年齢の 2 倍になるのが x 年後であるとします．この x という文字は，いくつかわからない数をあらわします．まだわからない数という意味で未知数といいます．x の値がじっさいにいくつになるかを求めるのが例題 1 だったわけです．

x 年後には，父と子はそれぞれ

$$35+x, \qquad 9+x$$

歳になっていますから，x 年後に父の年齢が子の年齢の 2 倍になるとすれば

$$35+x = 2\times(9+x)$$

という関係が成り立つはずです．

ここで

$$2\times(9+x) = 2(9+x)$$

と記すことにすれば，上の方程式はつぎのように書くことができます．

$$35+x = 2(9+x)$$

また，式の掛け算も数の掛け算とまったく同じようにして

2 ページの練習問題の答え

(1) 4 年後 (2) 8 年後

3 ページの練習問題の答え

(1) 10 年後 (2) 42 年後

計算できます．$2(9+x)$は

$$\begin{array}{r} 9+x \\ \times)\quad\quad\quad 2 \\ \hline 9\times2+x\times2 \end{array}$$

$$2(9+x) = 9\times2+x\times2$$
$$2(9+x) = 18+2x$$

よって，最初の方程式は

$$35+x = 18+2x$$

となります．計算をわかりやすくするために，この方程式の左辺と右辺を交換します．

$$18+2x = 35+x$$

この方程式の両辺からxを引きます．

$$18+2x-x = 35+x-x$$

このとき

$$2x-x = x, \quad x-x = 0$$

ですから，上の方程式は

$$18+x = 35$$

となります．さらに，この方程式の両辺から18を引けば

$$18+x-18 = 35-18$$
$$x = 17$$

これが求める答えです．このxの値を最初の方程式

$$35+x = 2(9+x)$$

に代入します．左辺の値は

$$35+x = 35+17 = 52$$

右辺の値は

$$2(9+x) = 2\times(9+17) = 2\times26 = 52$$

このようにして，$x=17$が例題1の解となることが確認されました．

上の計算は，こまかいステップを1つ1つ説明したので，たいへん長くなってしまいましたが，慣れるとすらすらかんたんにできるようになります．

$$35+x = 2(9+x)$$

のように，未知数xを含んだ2つの式がお互いに等しいという関係式を方程式といいます．$x=17$をこの方程式の解(かい)と

いいます．方程式を解くというのは，その解を求めることを指します．

解は根(こん)ともいいます．根の英語はRootですが，Rootも木の根(ね)を意味します．また，方程式の英語はEquation(イクェージョン)です．Equationは等しいとか，釣り合いがとれているといった意味です．

つぎに，方程式を使って例題2，例題3を解いてみましょう．

例題2　母は35歳，2人の子どもはそれぞれ9歳と5歳です．母の年齢が2人の子どもの年齢の和に等しくなるのは何年後でしょうか．

解答　母の年齢が2人の子どもの年齢の和に等しくなるのがx年後であるとします．x年後には，母と2人の子どもはそれぞれ

$$35+x, \quad 9+x, \quad 5+x$$

歳になっていますから，母の年齢が2人の子どもの年齢の和に等しくなるとすれば，

$$35+x = (9+x)+(5+x)$$

という方程式が成り立ちます．右辺を整理すれば

$$35+x = 14+2x$$

この方程式の左辺と右辺を交換して

$$14+2x = 35+x$$

この方程式の両辺からxを引いて

$$14+2x-x = 35+x-x$$

$$14+x = 35$$

さらに，この方程式の両辺から14を引けば

$$14+x-14 = 35-14$$

$$x = 21$$

このxの値を最初の方程式

$$35+x = (9+x)+(5+x)$$

に代入します．左辺の値は

$$35+x = 35+21 = 56$$

右辺の値は

$$(9+x)+(5+x) = (9+21)+(5+21) = 30+26 = 56$$

このようにして，$x=21$が例題2の解となっていることが確

4ページの練習問題の答え

(1)　8年後　　(2)　7年後

認されたわけです．

例題 3　父は 35 歳，母は 31 歳，2 人の子どもはそれぞれ 9 歳，5 歳です．父と母の年齢の和が 2 人の子どもの年齢の和の 2 倍になるのは何年後でしょうか．

解答　父と母の年齢の和が 2 人の子どもの年齢の和の 2 倍になるのが x 年後であるとします．x 年後には，父，母，2 人の子どもはそれぞれ

$$35+x,\quad 31+x,\quad 9+x,\quad 5+x$$

歳になっていますから，父と母の年齢の和が 2 人の子どもの年齢の和の 2 倍になるとすれば

$$(35+x)+(31+x)=2\{(9+x)+(5+x)\}$$

という方程式が成り立ちます．左辺を整理すれば

$$(35+x)+(31+x)=66+2x$$

右辺を整理すれば

$$2\{(9+x)+(5+x)\}=2(14+2x)=28+4x$$

したがって，上の方程式は

$$66+2x=28+4x$$

この方程式の左辺と右辺を交換します．

$$28+4x=66+2x$$

この方程式の両辺から $2x$ を引きます．

$$28+4x-2x=66+2x-2x$$

$$28+2x=66$$

となります．さらに，両辺から 28 を引けば

$$28+2x-28=66-28$$

$$2x=38$$

両辺を 2 で割ると

$$x=19$$

　この x の値を最初の方程式

$$(35+x)+(31+x)=2\{(9+x)+(5+x)\}$$

に代入します．左辺の値は

$$(35+x)+(31+x)=(35+19)+(31+19)$$
$$=54+50=104$$

右辺の値は

$$2\{(9+x)+(5+x)\}=2\times\{(9+19)+(5+19)\}$$
$$=2\times(28+24)=2\times 52=104$$

このようにして，$x=19$ が例題 3 の解となっていることが確認されたわけです．

練習問題　これまで出てきた練習問題を方程式の考え方を使って解きなさい．

2

年齢算の応用

例題 1　あるグラウンドを 1 周するのに，A 君は 2 分 30 秒かかり，B 君は 3 分かかります．B 君がスタートしてから 1 分 30 秒後に A 君がスタートして B 君の後を追いました．A 君が B 君に追いつくのは，A 君がスタートしてから何分後でしょうか．

解答　グラウンド 1 周の長さを 1 とします．A 君と B 君のスピードはそれぞれ毎分

$$\frac{1}{2.5}=\frac{2}{5}, \qquad \frac{1}{3}$$

ですから，A 君と B 君の間の距離は，毎分

$$\frac{2}{5}-\frac{1}{3}=\frac{1}{15}$$

ずつ縮まります．

B 君がスタートしてから $1.5=\frac{3}{2}$ 分後に A 君がスタートしたときの，A 君と B 君の間の距離は

$$\frac{3}{2}\times\frac{1}{3}=\frac{1}{2}$$

ですから，A 君が B 君に追いつくのは，A 君がスタートしてから

$$\frac{1}{2}\div\frac{1}{15}=\frac{15}{2}\text{分}=7\text{分}30\text{秒}$$

経ってからであることがわかります．

このとき，A 君が走った距離は

$$\frac{1}{2.5}\times\frac{15}{2}=3$$

また，B 君が走った距離は

$$\frac{1}{3}\times(1.5+7.5)=\frac{1}{3}\times 9=3$$

となって，上の答えが正しいことが確認されます．

この問題を方程式を使って解いてみましょう．そのために，A 君が B 君に追いつくのが A 君がスタートしてから x 分後とします．A 君と B 君のスピードはそれぞれ毎分

$$\frac{1}{2.5}=\frac{2}{5},\qquad \frac{1}{3}$$

ですから，A 君，B 君が走った距離はそれぞれ

$$\frac{2}{5}x,\qquad \frac{1}{3}\left(x+\frac{3}{2}\right)$$

となります．したがって

$$\frac{2}{5}x=\frac{1}{3}\left(x+\frac{3}{2}\right)$$

この方程式の両辺に $5\times3\times2$ を掛ければ

$$12x=5(2x+3)=10x+15$$

$$12x-10x=15$$

$$x=\frac{15}{2}$$

これが答えとなります．

このxの値を上の方程式の両辺に代入します．

$$\frac{2}{5}x=\frac{2}{5}\times\frac{15}{2}=3$$

$$\frac{1}{3}\left(x+\frac{3}{2}\right)=\frac{1}{3}\times\left(\frac{15}{2}+\frac{3}{2}\right)=3$$

したがって，$x=\dfrac{15}{2}$ が例題 1 の方程式の解となることが確認されました．

練習問題

(1) あるグラウンドを 1 周するのに，A 君は 2 分 30 秒かかり，B 君は 2 分 40 秒かかります．B 君がスタートし

てから 20 秒後に A 君がスタートして，B 君の後を追いました．A 君が B 君に追いつくのは何分後でしょうか．

(2) あるグラウンドを 1 周するのに，A 君は 2 分 30 秒かかります．B 君がスタートしてから 2 分後に A 君がスタートして，B 君の後を追いました．A 君が B 君に追いついたのは 6 分後でした．B 君は何分でこのグラウンドを 1 周するでしょうか．

例題 2 A 町から B 町に歩いて行くのに時速 4.5 km で行くと，時速 4 km で行く場合に比べて，30 分はやく着くという．A 町と B 町の間の距離は何 km でしょうか．

解答 1 km の距離を行く時間を比較すると，時速 4 km で行く場合は時速 4.5 km で行く場合に比べて

$$\frac{1}{4}-\frac{1}{4.5}=\frac{0.5}{18}=\frac{1}{36}\text{時間}$$

よけいにかかります．A 町から B 町に歩いて行くのに時速 4 km で行く場合の方が時速 4.5 km で行く場合に比べて

$$30\text{分}=\frac{1}{2}\text{時間}$$

よけいにかかったわけですから，A 町と B 町の間の距離は

$$\frac{1}{2}\div\frac{1}{36}=18\text{ km}$$

となります．

18 km はなれた A 町から B 町に行くのに，時速 4 km，時速 4.5 km で歩けば，それぞれ

$$18\div 4=4.5\text{時間},\qquad 18\div 4.5=4\text{時間}$$

かかりますから

$$4.5-4=0.5\text{時間}=30\text{分}$$

この問題を方程式を使って解きます．A 町と B 町の間の距離を x km とすれば

$$\frac{x}{4}-\frac{x}{4.5}=\frac{1}{2}$$

$$\left(\frac{1}{4}-\frac{1}{4.5}\right)x=\frac{1}{2}$$

8 ページの練習問題の答え

略

9 ページの練習問題の答え

(1) 5 分後　(2) 3 分 20 秒後

$$\frac{1}{36}x = \frac{1}{2}$$

$$x = 18$$

この x の値を例題 2 の方程式の左辺に代入します.

$$\frac{x}{4}-\frac{x}{4.5} = \frac{18}{4}-\frac{18}{4.5} = \frac{9}{2}-4 = \frac{1}{2}$$

したがって，$x=18$ が例題 2 の方程式の解であることが確認されました.

練習問題

(1)　A 町から B 町に歩いて行くのに時速 4 km で行くと，時速 3.5 km で行く場合に比べて，15 分はやく着くという．A 町と B 町の間の距離は何 km でしょうか.

(2)　あるコースを走るのに，400 m を 2 分 30 秒のスピードで走ると，2 分 45 秒のスピードで走る場合に比べて，2 分はやく着くという．このコースの長さは何 m でしょうか.

例題 3　7 時と 8 時の間で，時計の長針と短針の角度が 90° になるときの時刻を求めなさい.

解答　長針と短針とが 1 分間に進む角度はそれぞれ

$$360^\circ \times \frac{1}{60} = 6^\circ, \qquad 360^\circ \times \frac{1}{12} \times \frac{1}{60} = \frac{1}{2}^\circ$$

です．したがって，長針と短針の間の角度は 1 分間に

$$6-\frac{1}{2} = \frac{11}{2}^\circ$$

ずつ縮まるわけです.

7 時ちょうどのときには，長針と短針の間の角度は

$$30^\circ \times 7 = 210^\circ$$

ですから，7 時と 8 時の間で時計の長針と短針の角度が 90° になるのは，7 時ちょうどから出発して

$$(210-90) \div \frac{11}{2} = 120 \div \frac{11}{2} = \frac{240}{11} = 21\frac{9}{11}\text{分} = 21\text{分}\ 49\frac{1}{11}\text{秒}$$

経ったときです．例題 3 の答えは 7 時 21 分 $49\frac{1}{11}$ 秒になるわけです.

長針が短針を追いこしてから，90° になるときも考えてみよう.

この問題を方程式を使って解くために，7 時 x 分に時計の長針と短針との角度が 90° になるとします．12 時から時計の針の進む方向の角度の度数であらわすと，7 時 x 分における時計の長針と短針の位置はそれぞれ

$$6x, \quad 210+\frac{1}{2}x$$

となります．したがって

$$210+\frac{1}{2}x = 6x+90$$

$$6x+90 = 210+\frac{1}{2}x$$

$$6x-\frac{1}{2}x = 210-90$$

$$\left(6-\frac{1}{2}\right)x = 120$$

$$\frac{11}{2}x = 120$$

$$x = 120\div\frac{11}{2} = \frac{240}{11} = 21\frac{9}{11}$$

このxの値を上の方程式の両辺に代入します．

$$210+\frac{1}{2}x = 210+\frac{1}{2}\times 21\frac{9}{11} = 210+\frac{120}{11} = 220\frac{10}{11}$$

$$6x+90 = 6\times 21\frac{9}{11}+90 = 130\frac{10}{11}+90 = 220\frac{10}{11}$$

$x=21\frac{9}{11}$ が例題 3 の方程式の解であることが確認されました．

練習問題

(1)　3 時と 4 時の間で，時計の長針と短針が一致するときの時刻を求めなさい．

(2)　5 時と 6 時の間で，時計の長針と短針の角度が 180° のときの時刻を求めなさい．

例題 4　$\frac{13}{27}$ の分母，分子に同じ数を足して，$\frac{2}{3}$ に等しくな

11 ページの練習問題の答え

(1)　7 km　(2)　3200 m

るようにしなさい.

解答　2 つの分数 $\frac{13}{27}, \frac{2}{3}$ をそれぞれ 1 から引けば

$$1-\frac{13}{27}=\frac{14}{27}, \qquad 1-\frac{2}{3}=\frac{1}{3}$$

したがって，$\frac{14}{27}$ の分母にある数を足して，$\frac{1}{3}$ に等しくなるようにすればよい．このような数は

$$14\times3-27=15$$

であることはすぐわかります．

$$\frac{13+15}{27+15}=\frac{28}{42}=\frac{2}{3}$$

ですから，例題 4 の答えは 15 となるわけです．

例題 4 を方程式を使って解くと，つぎのようになります．$\frac{13}{27}$ の分母，分子に同じ数 x を足したとき，$\frac{2}{3}$ に等しくなったとします．

$$\frac{13+x}{27+x}=\frac{2}{3}$$

この方程式の両辺に $3(27+x)$ を掛ければ，

$$3(13+x)=2(27+x)$$
$$39+3x=54+2x$$
$$3x-2x=54-39$$
$$x=15$$

このxの値を上の方程式の左辺に代入します．

$$\frac{13+x}{27+x}=\frac{13+15}{27+15}=\frac{28}{42}=\frac{2}{3}$$

$x=15$ が例題 4 の方程式の解となっていることが確認されました．

練習問題

(1)　$\frac{5}{13}$ の分母，分子に同じ数を足して，$\frac{1}{2}$ に等しくなるようにしなさい．

(2)　$\dfrac{3}{5}$ の分母，分子に同じ数を足して，$\dfrac{5}{7}$ に等しくなるようにしなさい．

例題 5　$\dfrac{29}{37}$ の分母，分子から同じ数を引いて，$\dfrac{3}{5}$ に等しくなるようにしなさい．

解答　この問題を算術で解くのは，たいへん困難です．2つの分数 $\dfrac{29}{37}, \dfrac{3}{5}$ をそれぞれ1から引けば，

$$1-\frac{29}{37}=\frac{8}{37},\qquad 1-\frac{3}{5}=\frac{2}{5}$$

ここで，$\dfrac{2}{5}=\dfrac{2/2}{5/2}=\dfrac{1}{5/2}$ とあらわします．$\dfrac{8}{37}$ の分母からある数を引いて，$\dfrac{1}{5/2}$ に等しくなるようにするような数が

$$37-8\times\frac{5}{2}=37-20=17$$

であることはすぐわかります．

$$\frac{29-17}{37-17}=\frac{12}{20}=\frac{3}{5}$$

ですから，例題5の答えが17となります．

例題5を方程式を使って解くと，つぎのようになります．$\dfrac{29}{37}$ の分母，分子から同じ数 x を引いたとき，$\dfrac{3}{5}$ に等しくなったとします．

$$\frac{29-x}{37-x}=\frac{3}{5}$$

この方程式の両辺に $5(37-x)$ を掛ければ

$$5(29-x)=3(37-x)$$
$$145-5x=111-3x$$
$$5x-3x=145-111$$
$$2x=34$$
$$x=17$$

この x の値を上の方程式の左辺に代入します．

12ページの練習問題の答え

(1)　3時16分 $21\frac{9}{11}$ 秒　　(2)　6時

$$\frac{29-x}{37-x}=\frac{29-17}{37-17}=\frac{12}{20}=\frac{3}{5}$$

$x=17$ が例題 5 の方程式の解となっていることが確認されました.

練習問題

(1) $\frac{8}{13}$ の分母，分子から同じ数を引いて，$\frac{1}{2}$ に等しくなるようにしなさい.

(2) $\frac{11}{23}$ の分母，分子から同じ数を引いて，$\frac{3}{7}$ に等しくなるようにしなさい.

例題 6 正方形の土地がある．1 つの辺を 20 m 短くし，もう 1 つの辺を 30 m 長くして，長方形の土地にしたところ，面積は元の正方形の土地と同じになったという．元の正方形の土地の 1 辺の長さを求めなさい.

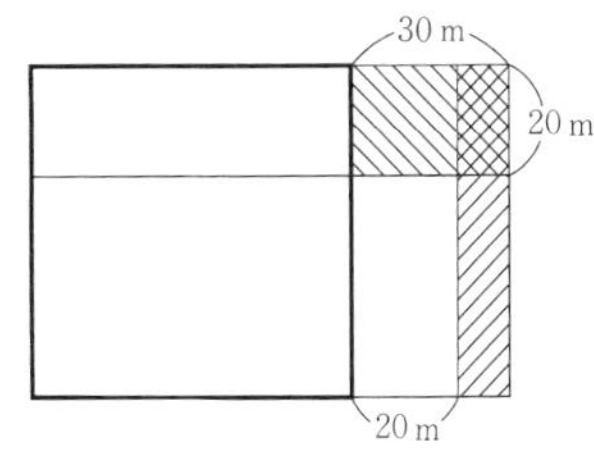

図 1-2-1

解答 図のように，正方形の土地の 1 辺の長さはそのままで，もう 1 辺をそれぞれ 20 m，30 m 長くした 2 つの長方形の土地を考えます．このとき，図で斜線で示した 2 つの小さな長方形の土地の面積はお互いに等しくなります．一方の長方形の面積は

$$20\times30 = 600\ \mathrm{m}^2$$

となり，もう 1 つの長方形の面積は

[元の正方形の土地の 1 辺の長さ]$\times(30-20)\ \mathrm{m}^2$

したがって

[元の正方形の土地の 1 辺の長さ] $= 600\div(30-20) = 60$ m

斜線で示した 2 つの小さな長方形の面積が，なぜ等しくなるか，わかるかな？

じじつ，1 辺の長さが 60 m であるような正方形の土地について，1 つの辺を 20 m 短くし，もう 1 つの辺を 30 m 長くした長方形の土地の面積は

$$(60-20)\times(60+30) = 40\times90 = 3600\ \mathrm{m}^2$$

元の正方形の土地の面積は

$$60\times60 = 3600\ \mathrm{m}^2$$

ですから，60 m が例題 6 の答えであることがわかります.

例題 6 を方程式を使って解きます．正方形の土地の 1 辺の

長さを x m とおくと

$$(x-20)(x+30)=x^2$$

左辺を計算すれば

$$\begin{array}{r} x\ -20 \\ \times)\ \underline{x\ +30} \\ x^2-20x\qquad \\ \underline{\qquad 30x-600} \\ x^2+10x-600 \end{array}$$

$$\begin{aligned} x^2+10x-600 &= x^2 \\ 10x-600 &= 0 \\ 10x &= 600 \\ x &= 60 \end{aligned}$$

このxの値を例題6の方程式の両辺に代入します.

$(x-20)(x+30)=(60-20)\times(60+30)=40\times90=3600$

$x^2=60\times60=3600$

$x=60$ が例題6の方程式の解であると確認されたわけです.

練習問題

(1) 正方形の土地の1つの辺を20 m 長くし，もう1つの辺を30 m 長くして，長方形の土地にしたところ，面積が4600 m² だけふえたという．元の正方形の土地の1辺の長さを求めなさい.

(2) 正方形の各辺を2 cm 長くして正方形の図形にしたところ，面積が36 cm² だけふえたという．元の正方形の図形の1辺の長さを求めなさい.

(3) 正方形の土地の1つの辺を30 m 短くし，もう1つの辺を45 m 長くして，長方形の土地にしたところ，面積は元の正方形の土地と同じになったという．元の正方形の土地の1辺の長さを求めなさい.

(4) 正方形の1つの辺を5 cm 短くし，もう1つの辺を7.5 cm 長くして，長方形の図形にしたところ，面積は元の正方形の図形と同じになったという．元の正方形の図形の1辺の長さを求めなさい.

13ページの練習問題の答え

(1) 3 (2) 2

15ページの練習問題の答え

(1) 3 (2) 2

3

鶴亀算を解く

これまで年齢算の問題を方程式を使って解いてきました．つぎに鶴亀算（つるかめざん）を取り上げて，方程式を使って解くことを考えてみましょう．

例題 1　ツルとカメが合わせて 10 匹います．足の数を数えると全部で 26 本ありました．ツルとカメはそれぞれ何匹いますか．

解答　ツルの足は 2 本，カメの足は 4 本ですから，もし 10 匹全部がツルだったとすれば，足の数は

$$2\times10=20\text{ 本}$$

だったはずです．しかし，じっさいには，足の数は 26 本ありますから，

$$26-20=6\text{ 本}$$

多くなっています．カメが 1 匹いると足の数は

$$4-2=2\text{ 本}$$

ふえることになりますから，カメは

$$6\div2=3\text{ 匹}$$

ツルは

$$10-3=7\text{ 匹}$$

いることになります．

このとき，ツルとカメと合わせて

$$7+3=10\text{ 匹}$$

足の数は

$$2\times7+4\times3=26\text{ 本}$$

となります．

この鶴亀算の問題を方程式を使って解くと，つぎのようになります．まず，ツルの数を x 匹とし，カメの数を y 匹とします．ツルとカメと合わせて 10 匹いますから，

(1)　$$x+y=10$$

ツルは x 匹いますから，ツルの足の数は

$$2\times x = 2x$$

本，カメは y 匹いますから，カメの足の数は

$$4\times y = 4y$$

本です．ツルとカメとの足の数を足し合わせると 26 本ですから

(2) $$2x+4y = 26$$

さて，例題 1 の解答で，もし 10 匹全部がツルだったとすれば，足の数は 20 本になるはずだと考えました．このことは，方程式(1)の両辺を 2 倍することを意味します．

(1)×2 $$2(x+y) = 20$$

$$2x+2y = 20$$

例題 1 の解答では，カメが何匹かいるために，足の数が

$$26-20 = 6$$

本多くなっていることに注目しました．このことは，(2)式の両辺から(1)×2 式の両辺をそれぞれ引くことを意味します．

$$\begin{array}{rr} & 2x+4y = 26 \\ -) & 2x+2y = 20 \\ \hline & (2-2)x+(4-2)y = 26-20 \\ & 2y = 6 \\ & y = 3 \end{array}$$

この値 $y=3$ を(1)式に代入すると

$$x+3 = 10$$

$$x = 10-3 = 7$$

答えは，$x=7$，$y=3$ となります．

練習問題

(1) ツルとカメが合わせて 25 匹います．足の数は全部で 68 本です．ツルとカメはそれぞれ何匹ずついますか．

(2) ブタとニワトリが合わせて 16 匹います．足の数は全部で 40 本です．ブタとニワトリはそれぞれ何匹ずついますか．

16 ページの練習問題の答え

(1) 80 m　(2) 8 cm
(3) 90 m　(4) 15 cm

例題 2　さち子さんが黒鉛筆と赤鉛筆と合わせて 8 本買って，210 円はらいました．さち子さんは黒鉛筆と赤鉛筆をそれぞ

れ何本買ったのでしょうか．黒鉛筆は 1 本 25 円，赤鉛筆は 1 本 30 円です．

解答　さち子さんが 8 本全部黒鉛筆を買ったとすれば

$$25\times 8 = 200 \text{ 円}$$

はらったはずです．じっさいには 210 円はらったわけですから

$$210-200 = 10 \text{ 円}$$

だけ多くはらったことになります．

赤鉛筆 1 本買うと，黒鉛筆 1 本のときより

$$30-25 = 5 \text{ 円}$$

多くはらうことになります．さち子さんは 10 円多くはらったわけですから

$$10\div 5 = 2 \text{ 本}$$

だけ赤鉛筆を買ったことになります．したがって，黒鉛筆は

$$8-2 = 6 \text{ 本}$$

買ったことがわかります．

黒鉛筆 6 本，赤鉛筆 2 本買ったわけですから，合計

$$6+2 = 8 \text{ 本}$$

買って，はらった金額は

$$25\times 6+30\times 2 = 150+60 = 210 \text{ 円}$$

この問題を方程式を使って解くために，さち子さんが買った黒鉛筆の数を x，赤鉛筆の数を y とします．黒鉛筆と赤鉛筆とを合わせて 8 本買ったわけですから，

(1)　$$x+y = 8$$

また，黒鉛筆は 1 本 25 円，赤鉛筆は 1 本 30 円ですから，黒鉛筆 x 本，赤鉛筆 y 本買うと合計

$$25x+30y$$

はらうことになります．さち子さんは 210 円はらったわけですから

(2)　$$25x+30y = 210$$

となります．

(1)式の両辺に 25 を掛けると

(1)×25　$$25x+25y = 200$$

(2)−(1)×25　$$5y = 10$$

$$y = 2$$

この値 $y=2$ を(1)式に代入すると

$$x+2 = 8$$
$$x = 6$$

$x=6$, $y=2$ という答えを(1), (2)に代入すると

$$6+2 = 8$$
$$25\times6+30\times2 = 210$$

練習問題

(1)　一郎君がりんごとみかんを買いに行きました．りんごとみかんを合わせて，15 個買って，700 円はらいました．りんごは 1 個 100 円，みかんは 1 個 20 円です．一郎君はりんごを何個，みかんを何個買ったのでしょうか．

(2)　50 円切手と 80 円切手とを合わせて 40 枚買って，2450 円はらいました．50 円切手，80 円切手をそれぞれ何枚ずつ買ったでしょうか．

(3)　大小 2 種の分銅があります．大きい分銅の重さは 20 グラム，小さい分銅の重さは 10 グラムです．分銅の数は大小合わせて 36 個あり，全体の重さは 420 グラムです．大きい分銅と小さい分銅とそれぞれ何個ずつありますか．

鶴亀算の応用

例題 1(流水算)　A 村から川下にある B 村までの距離は 10 km です．ボートで A 村から B 村までこいで下るのに 2 時間かかり，また B 村から A 村まで上るのに 2 時間 30 分かかりました．ボートをこぐ速さと川の流れの速さはそれぞれ毎時何 km でしょうか．

解答　10 km の距離を下るのに 2 時間かかっているから，毎時

$$10\div2 = 5\text{ km}$$

18 ページの練習問題の答え

(1)　ツル 16 匹，カメ 9 匹

(2)　ブタ 4 匹，ニワトリ 12 匹

の速さで下ったことになります．また，10 km の距離を上るのに 2 時間 30 分＝2.5 時間かかっているから，毎時

$$10 \div 2.5 = 4 \text{ km}$$

の速さで上ったことになります．

下りは毎時，ボートをこぐ速さと流れの速さとを足し合わせただけの距離を行き，上りは毎時，ボートをこぐ速さから流れの速さを引いた距離だけ行くわけですから，ボートをこぐ速さは毎時

$$(5+4) \div 2 = 4.5 \text{ km}$$

となることがわかります．したがって，流れの速さは毎時

$$4.5-4 = 0.5 \text{ km}$$

となります．

したがって，川を下るときは毎時

$$4.5+0.5 = 5 \text{ km}$$

川を上るときは毎時

$$4.5-0.5 = 4 \text{ km}$$

の速さで移動します．したがって，10 km はなれている A 村から B 村に下るのは

$$10 \div 5 = 2$$

時間，B 村から A 村に上るのは

$$10 \div 4 = 2.5$$

時間かかるわけです．

例題 1 を方程式を使って解くとつぎのようになります．ボートをこぐ速さを毎時 x km とし，川の流れの速さを毎時 y km とします．川を下るときには，毎時

$$(x+y) \text{ km}$$

の速さで行き，川を上るときには毎時

$$(x-y) \text{ km}$$

の速さで行くことになります．したがって

(1) $$2(x+y) = 10$$

(2) $$\frac{5}{2}(x-y) = 10$$

(1), (2)の両辺をそれぞれ，2, $\frac{5}{2}$ で割ると

(1)′ $$x+y = 5$$

$$(2)' \qquad x-y=4$$

このとき，(1)′と(2)′の両辺を足し合わせると

$$2x=9$$
$$x=9\div 2=4.5$$

この x の値 $x=4.5$ を(1)′に代入すれば

$$4.5+y=5$$
$$y=0.5$$

$x=4.5$，$y=0.5$ という答えを(1)，(2)に入れると

$$2\times(4.5+0.5)=10$$
$$2.5\times(4.5-0.5)=10$$

したがって，$x=4.5$，$y=0.5$ が正しい答えであることがわかります．

練習問題

(1)　A 村から川下にある B 村までの距離は 16 km です．ボートで A 村から B 村までこいで下るのに 2 時間 40 分かかり，また B 村から A 村まで上るのに 3 時間かかりました．ボートをこぐ速さと川の流れの速さはそれぞれ毎時何 km でしょうか．

(2)　A 村から B 村まで行くのに，半分の距離を歩いて，残りを走ると，1 時間で行きます．また，$\frac{2}{3}$ の距離を歩いて，残りを走ると 1 時間 10 分かかります．全行程を歩くとき，走るときそれぞれ何時間で行くでしょうか．歩くときも，走るときもそれぞれ一定のスピードで行くことができるとします．

例題 2(過不足算)　一郎君のグループで，共同で辞書を買うことにしました．各人が 600 円ずつ出すと 400 円余り，各人が 500 円ずつ出すと 800 円不足します．一郎君のグループは何人いて，辞書の値段はいくらでしょうか．

解答　1 人が 600－500＝100 円ずつ多く出すと

$$400+800=1200\text{ 円}$$

の額になるわけですから，一郎君のグループには

$$1200\div 100=12\text{ 人}$$

いることになります．このとき，辞書の値段は

20 ページの練習問題の答え

(1)　りんご 5 個，みかん 10 個

(2)　50 円切手 25 枚，80 円切手 15 枚

(3)　大 6 個，小 30 個

$$600\times12-400 = 500\times12+800 = 6800 \text{円}$$

となります．

この問題を方程式を使って解くために，一郎君のグループの人数を x 人とし，辞書の値段を y とします．このとき

(1) $$600x = y+400$$

(2) $$500x = y-800$$

この 2 つの方程式の両辺の差をとれば

(1)−(2) $$(600-500)x = (y+400)-(y-800)$$

$$100x = 1200$$

$$x = 12$$

この x の値を(1)式に代入すれば

$$600\times12 = y+400$$

$$7200 = y+400$$

$$y = 7200-400 = 6800$$

じじつ，$x=12$，$y=6800$ を方程式(1)，(2)に代入すれば

(1) $$600\times12 = 7200 = 6800+400$$

(2) $$500\times12 = 6000 = 6800-800$$

練習問題

(1) さち子さんのグループで，共同で百科事典を買うことにしました．各人が 4000 円ずつ出すと 2000 円余り，各人が 3000 円ずつ出すと 6000 円不足します．さち子さんのグループは何人いて，百科事典の値段はいくらでしょうか．

(2) さち子さんのグループがクッキーを 1 箱もらいました．1 人に 4 個ずつ分けると 4 個余り，5 個ずつ分けると 1 つ足りなくなります．グループの人数とクッキーの数を求めなさい．

例題 3(ニュートン算) 放牧地があります．羊を 30 頭放牧すると，24 日で草を食べつくしますが，40 頭放牧すると，12 日で草を食べてしまいます．60 頭放牧したときには，何日で食べつくすでしょうか．放牧地の草は毎日一定のはやさで育っていると仮定します．

解答 羊 1 頭が 1 日に食べる草の量を単位にしてはかること

にします．30 頭の羊が 24 日間に食べる草の量は

$$30\times24 = 720$$

になります．他方，40 頭の羊が 12 日間に食べる草の量は

$$40\times12=480$$

最初にあった草の量はどちらも同じなので，この 2 つの草の量の差

$$720-480 = 240$$

は

$$24-12 = 12\text{ 日}$$

の間に生えた草の量をあらわします．つまり，1 日に新しく生える草の量は

$$240\div12 = 20\text{ 頭}$$

が 1 日に食べる量に等しくなります．したがって，最初放牧地に生えていた草の量は

$$24\times30-24\times20 = 240\text{ 頭}$$

の羊が 1 日に食べる草の量に等しくなります．このことは

$$12\times40-12\times20 = 240\text{ 頭}$$

のようにして求めることもできます．

さて，60 頭の羊が放牧されているときには，毎日 20 頭が 1 日に食べる分の草が生えてくるわけですから，放牧地の草は毎日

$$60-20 = 40\text{ 頭}$$

の羊が食べる分の草がなくなる勘定です．

放牧地には最初 240 頭分の草が生えていたわけですから

$$240\div40 = 6\text{ 日}$$

で，なくなることがわかります．

このニュートン算の問題を方程式を使って解きます．上の解答と同じように，羊 1 頭が 1 日に食べる草の量を単位にして，放牧地に最初に生えている草の量を x であらわします．羊 x 頭が 1 日に食べる草の量，あるいは羊 1 頭が x 日に食べる草の量にあたります．また，放牧地全体で 1 日に生える草の量を y とします．

30 頭の羊が 24 日間に食べる草の量は

$$30\times24 = 720$$

になります．他方，24 日間に生える草の量は

22 ページの練習問題の答え

(1)　ボートは毎時 $\frac{17}{3}$ km，川は毎時 $\frac{1}{3}$ km　(2)　歩くと 1 時間 30 分，走ると 30 分

23 ページの練習問題の答え

(1)　8 人，30000 円

(2)　5 人，24 個

$$24y$$

ですから，最初に放牧地に生えていた草の量と合わせると

$$x+24y$$

したがって

(1) $$x+24y=720$$

同じように

(2) $$x+12y=40\times 12=480$$

方程式(1)から方程式(2)を引くと

$$(x+24y)-(x+12y)=720-480$$

$$12y=240$$

$$y=20$$

この解 $y=20$ を(2)式に代入すれば，

$$x+12\times 20=480$$

$$x+240=480$$

$$x=240$$

$x=240$，$y=20$ が方程式(1)，(2)の解となっていることは，つぎのようにして確認されます．

(1) $$240+24\times 20=240+480=720$$

(2) $$240+12\times 20=240+240=480$$

さて，60 頭の羊が放牧されているとき，z 日で放牧地の草を食べつくしたとすれば

(3) $$240+20z=60z$$

(3)式の両辺から，$20z$ を引けば

$$240=60z-20z=40z$$

$$z=\frac{240}{40}=6$$

すなわち，60 頭の羊が放牧されているとき，6 日で放牧地の草を食べつくすことになります．

練習問題

(1) 羊を 50 頭放牧すると，20 日で草を食べつくしますが，70 頭放牧すると，10 日で草を食べてしまいます．80 頭放牧したときには，何日で食べつくすでしょうか．

(2) 毎分一定量の水が流れ込んでいるプールがあります．4 台のポンプで水をくみだすと 40 分かかりますが，5 台のポンプを使うと 30 分でくみだすことができます．7

台のポンプを使うと何分でプールの水をくみだすことができるでしょうか.

5

リンド・パピルスの難問題

リンド・パピルスの難問題　100 個のパンを 5 人の子どもに分けるときに，各人の分け前が一定数ずつ順々にふえるように分けたところ，少なく分け前をもらった 2 人の子どものパンの合計が，多く分け前をもらった 3 人の子どものパンの合計の $\frac{1}{7}$ だったという．5 人の子どもたちはそれぞれ何個パンをもらったでしょうか.

解答　5 人の子どものパンの分け前を，少ない方から順にならべて

●，　●○，　●○○，　●○○○，　●○○○○

ここで，●は一番少なく分け前をもらった子どものパンの数，○は順々に増加するパンの数とします.

[少なく分け前をもらった 2 人の子どものパンの数の合計]

= ●●○

少なく分け前をもらった 2 人の子どものパンの数の合計は，多く分け前をもらった 3 人の子どものパンの合計の $\frac{1}{7}$ だから，パンの総数 100 個の $\frac{1}{8}$ となります．したがって

$$●●○ = \frac{100}{8} = \frac{25}{2}$$

また，上の図より

[5 人の子どものもらったパンの数の平均] = ●○○

$$●○○ = \frac{100}{5} = 20$$

この式を 2 倍すれば

$$●●○○○○ = 40$$

どうしてか，わかるかな？　図をかいて考えてみよう.

25 ページの練習問題の答え

(1)　8 日　　(2)　20 分

この式の両辺から最初の式を引けば

$$○○○ = 40-\frac{25}{2} = \frac{55}{2}$$

$$○ = \frac{55}{2}\div 3 = \frac{55}{6}$$

この値を 2 番目の式に代入すれば

$$● + 2\times\frac{55}{6} = 20$$

$$● = 20-\frac{110}{6} = \frac{10}{6}$$

5 人の子どものパンの分け前を少ない方から順にならべると

$$\frac{10}{6},\quad \frac{65}{6},\quad \frac{120}{6},\quad \frac{175}{6},\quad \frac{230}{6}$$

じじつ

$$\frac{10}{6}+\frac{65}{6}+\frac{120}{6}+\frac{175}{6}+\frac{230}{6} = 100$$

$$\frac{10}{6}+\frac{65}{6} = \frac{25}{2},\qquad \frac{120}{6}+\frac{175}{6}+\frac{230}{6} = \frac{175}{2} = 7\times\frac{25}{2}$$

この問題も，方程式を使えばかんたんに解くことができます．一番少なく分け前をもらった子どものパンの数を x 個とし，パンの分け前が順々に y 個ずつふえるとします．つまり，5 人の子どもたちのパンの分け前は

$$x,\quad x+y,\quad x+2y,\quad x+3y,\quad x+4y$$

となります．パンは全部で 100 個だから

$$x+(x+y)+(x+2y)+(x+3y)+(x+4y) = 100$$

この方程式の左辺を整理すれば

$$5x+10y = 100$$

この方程式の両辺を 5 で割って

$$x+2y = 20$$

少なく分け前をもらった 2 人の子どものもらったパンの合計は

$$x+(x+y) = 2x+y$$

また，多く分け前をもらった 3 人の子どものもらったパンの合計は

$$(x+2y)+(x+3y)+(x+4y) = 3x+9y$$

したがって，問題の条件は，つぎの方程式によってあらわさ

れます.

$$2x+y=\frac{1}{7}(3x+9y)$$

$$7(2x+y)=3x+9y$$

$$14x+7y=3x+9y$$

$$14x-3x=9y-7y$$

$$11x=2y$$

$$x=\frac{2}{11}y$$

この関係を

$$x+2y=20$$

に代入すれば

$$\frac{2}{11}y+2y=20$$

$$24y=220$$

$$y=\frac{55}{6},\quad x=\frac{10}{6}$$

5人の子どもたちの分け前は

$$\frac{10}{6},\quad \frac{65}{6},\quad \frac{120}{6},\quad \frac{175}{6},\quad \frac{230}{6}$$

という答えが求められたわけです.

リンド・パピルスは，いまから約5000年前，古代エジプトの伝説的人物イムヘテプの著作といわれる『すべての謎を解く教科書』という題の神秘的なパピルスです．上の問題の解のように，ある一定数ずつ順々に多くなるような(あるいは少なくなるような)数の列を等差数列といいます.

練習問題

(1) 4ダースのチョコレートを6人の子どもに分けたい．各人の分け前が等差数列になっているようにして，多く分け前をもらった2人の子どものチョコレートの合計が，少なく分け前をもらった4人の子どものチョコレートの合計と等しくなるようにしたい．6人の子どもたちにそれぞれチョコレートを何個ずつ分ければよいか.

1ダースとは，12個のことです.

(2) 90 個の碁石(ごいし)を 5 人の子どもに分けたい．各人の分け前が等差数列になっているようにして，少なく分け前をもらった 3 人の子どもの碁石の合計が，多く分け前をもらった 2 人の子どもの碁石の合計と等しくなるようにしたい．5 人の子どもたちにそれぞれ碁石を何個ずつ分ければよいでしょうか．

第1章　方程式を使って算術の問題を解く　**問　題**

こたえは巻末

つぎの問題を，まず算術で解き，それから方程式を使って解きなさい．

問題1　50円切手と80円切手を何枚かずつ買って，3100円はらうつもりだったところ，50円切手と80円切手の枚数を逆に言ってしまって，3400円はらうことになってしまった．はじめに50円切手と80円切手を何枚ずつ買うつもりだったか．

問題2　品位0.9の銀と品位0.7の銀を溶解して，品位0.85の銀を720グラムつくりたい．それぞれ何グラムずつ入れればよいか．[品位(純度)0.9の銀というのは，100グラムの重さのうち，純銀が90グラム含まれているときをいいます.]

問題3　2つの樽(たる)に酒と水がミックスしてある．1つの樽には，酒と水が7:1の割合でミックスしてあり，もう1つの樽には，9:1の割合でミックスしてある．この2つの樽から何リットルかずつ取り出して，酒と水が8:1の割合のミックスを20リットルつくりたい．それぞれの樽から何リットルずつ取り出せばよいか．

問題4　時速80 kmの急行列車がA駅を出発してから25分経って，時速120 kmの特急列車が100 kmはなれたB駅を出発した．この2つの列車がすれちがうのは，いつ，どの地点か．

問題5　12車両編成の特急列車と8車両編成の普通列車がすれちがってから最後部の車両がはなれるまで，4秒かかった．一方，特急列車が普通列車を追い抜くまで，36秒かかった．特急列車，普通列車の時速を求めよ．特急列車，普通列車どちらも，1車両の長さは15 mとして計算しなさい．

問題6　大工の親方とその徒弟の2人がかりなら10日間で仕上げることのできる仕事がある．最初の4日間は2人で働き，あとは徒弟が1人で働いたところ，全部で22日間かかったという．親方と徒弟がそれぞれ1人で働いたとすれば，何日間で仕上げることができるか．

28ページの練習問題の答え

(1)　3, 5, 7, 9, 11, 13

(2)　12, 15, 18, 21, 24

第2章
方程式をグラフで解く

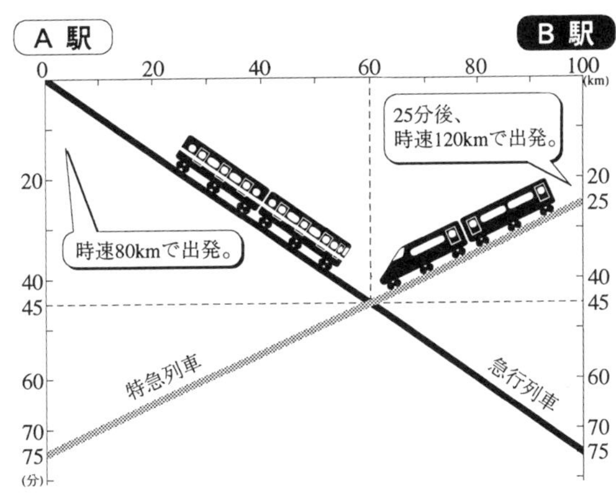

ダイアグラム

鉄道の時刻表をダイヤといいますが，それはダイアグラムを使って列車の運行を考えるからです．

> 時速 80 km の急行列車が A 駅を出発してから 25 分経って，時速 120 km の特急列車が 100 km はなれた B 駅を出発しました．この 2 つの列車がすれちがうのは，いつ，どの地点ででしょうか．

上のダイアグラムでは，A 駅と B 駅を水平な直線でむすび，タテ軸に急行列車が A 駅を出発してからの時間が何分という単位であらわされています．急行列車が B 駅に到着するのに 75 分，特急列車が A 駅に到着するのに 50 分かかりますから，ダイアグラムに示された 2 つの直線の交点をみれば，2 つの列車がすれちがうのは特急列車が B 駅を出発してから 20 分，A 駅から B 駅に向かって $\frac{3}{5}$ だけ，つまり 60 km 行ったところだということがすぐわかります．

ダイアグラムの考え方を使って，方程式をグラフで解こうというわけです．

1

年齢算をグラフで解く

年齢算の問題は方程式を使うとかんたんに解くことができました．その解き方をもう少し掘り下げて考えてみたいと思います．最初に出てきたつぎの例題を取り上げます．

例題 1　父は 35 歳，子は 9 歳です．父の年齢が子の年齢の 2 倍になるのは何年後でしょうか．

父の年齢が子の年齢の 2 倍になるのが x 年後であるとすれば

$$35+x = 2\times(9+x)$$

整理して

$$x+35 = 2x+18$$

この方程式は，つぎのようにあらわすことができます．

x 年後の父の年齢を y とすれば

(1)　$$y = x+35$$

また，x 年後の子の年齢の 2 倍を同じく y であらわすと

(2)　$$y = 2x+18$$

ここで，(1), (2)式のグラフをえがくことを考えてみます．

まずある点 O を原点として，水平な直線 OX を引きます．OX 直線上に，原点 O からの距離をはかってめもりをとります．同じように，原点 O から，OX に垂直な直線 OY を立てます．OY にも原点 O からはかった距離が記されています．

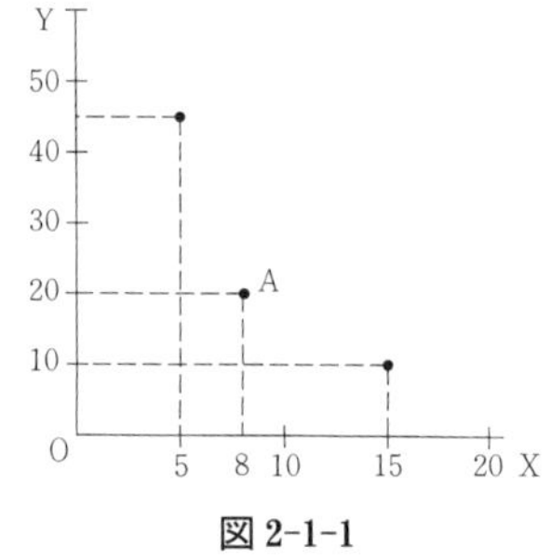

図 2-1-1

2 つの直線 OX, OY を使うと，平面上の点は，図の上でつぎのようにあらわすことができます．たとえば，X 軸では 8，Y 軸では 20 の位置にある点 A をとってみます．このとき，A の X 座標は 8，Y 座標は 20 であるといい，(8, 20) という記号であらわします．このようなあらわし方をデカルト座標，あるいはたんに座標といいます．

さて，例題 1 の(1)の方程式にもどって，x がさまざまな値をとるときの y の値を表にします．

x	0	1	2	3	4	5	6	7	8	9	10	11	12
y	35	36	37	38	39	40	41	42	43	44	45	46	47

この組み合わせを，座標 (x, y) をもつ点であらわすと，これらの点は1つの直線上にならんでいることがわかります．この直線 $y=x+35$ が方程式(1)のグラフです．x が整数ではなくて，どんな数をとっても，それに対応する y の値が，この直線 $y=x+35$ の上にあることがわかります．［ただし，図がたいへんになってしまうので，Y座標の単位の大きさはX座標に比べてずっと小さくしてあります．］

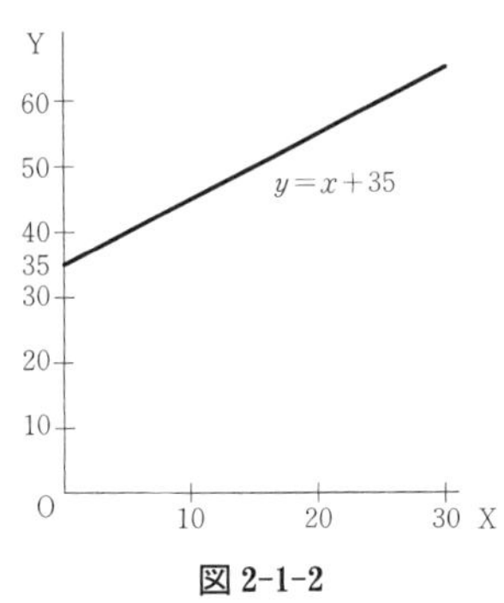

図 2-1-2

同じようにして，方程式(2)のグラフをつくることができます．

x	0	1	2	3	4	5	6	7	8	9	10	11	12
y	18	20	22	24	26	28	30	32	34	36	38	40	42

これらの (x, y) の組み合わせを座標としてもつ点は直線 $y=2x+18$ の上にあることがわかります．

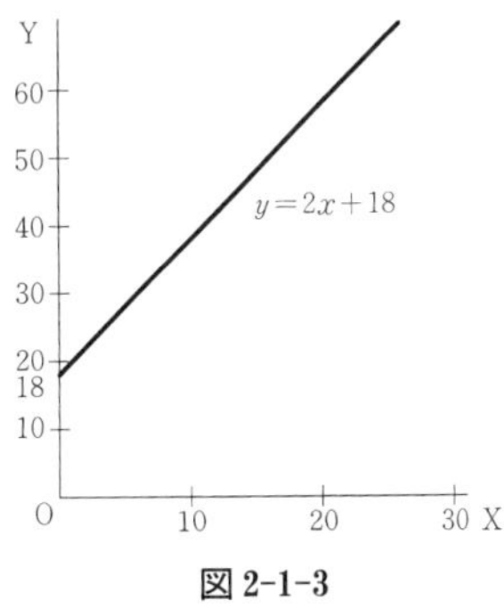

図 2-1-3

2つの方程式(1)，(2)のグラフを同じ座標軸を使ってあらわしたのが，図 2-1-4 です．

このとき，直線 $y=x+35$ と直線 $y=2x+18$ は1点Aで交わり，その座標が $(17, 52)$ ということもすぐわかると思います．年齢算の例題1の答え［$x=17$］はじつは，方程式(1)，(2)のグラフの交点 $(17, 52)$ のX座標だったのです．

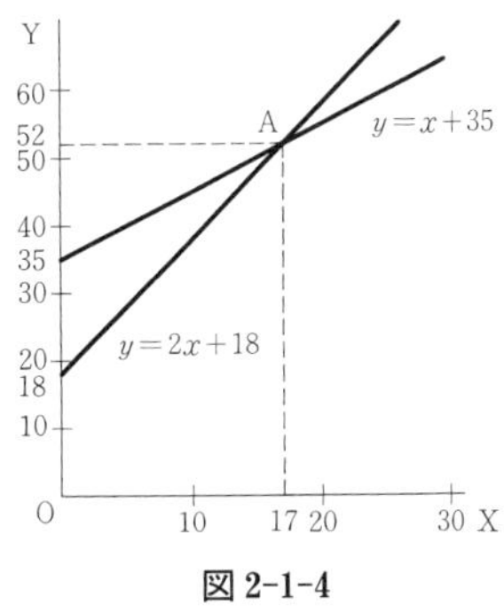

図 2-1-4

例題 2　母は35歳，2人の子どもはそれぞれ9歳と5歳です．母の年齢が2人の子どもの年齢の和に等しくなるのは何年後でしょうか．

母の年齢が2人の子どもの年齢の和に等しくなるのが x 年後であるとすれば

$$35+x = (9+x)+(5+x)$$

整理して

$$x+35 = 2x+14$$

ここで，x 年後の母の年齢を y とすれば

(3)　$$y = x+35$$

また，x 年後の2人の子どもの年齢の和を同じ y であらわすと

(4)　$$y = 2x+14$$

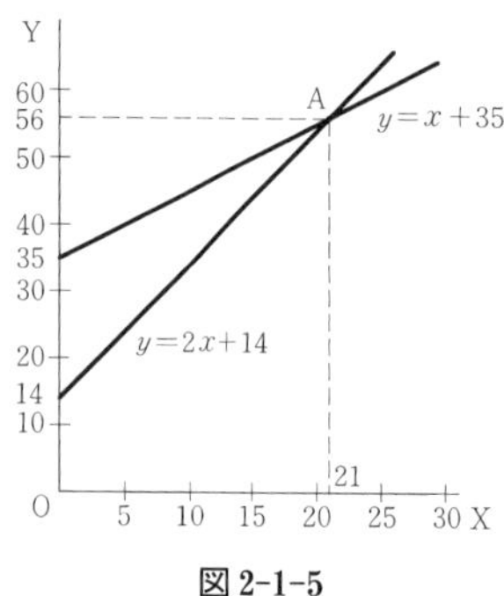

図 2-1-5

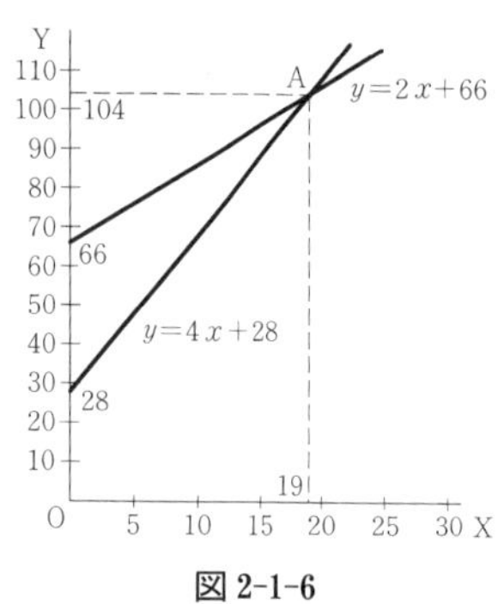

図 2-1-6

方程式(3), (4)のグラフは，図 2-1-5 の直線 $y=x+35$，$y=2x+14$ となり，その交点 A の座標は (21, 56) です．例題 2 の答えは，この交点 (21, 56) の X 座標 21 になるわけです．

例題 3　父は 35 歳，母は 31 歳，2 人の子どもはそれぞれ 9 歳，5 歳です．父と母の年齢の和が 2 人の子どもの年齢の和の 2 倍になるのは何年後でしょうか．

x 年後に父と母の年齢の和が 2 人の子どもの年齢の和の 2 倍になるとすれば

$$(35+x)+(31+x) = 2\{(9+x)+(5+x)\}$$

整理して

$$2x+66 = 4x+28$$

(5)　$$y = 2x+66$$

(6)　$$y = 4x+28$$

この 2 つの方程式(5), (6)のグラフは図 2-1-6 の直線 $y=2x+66$，$y=4x+28$ となり，その交点 A は(19, 104)となります．

練習問題　第 1 章 1「年齢算を解く」の練習問題をグラフを使って解きなさい．

2

鶴亀算をグラフで解く

鶴亀算の例題 1 を解くために，つぎの 2 つの方程式を考えました．

(1)　$$x+y = 10$$

(2)　$$2x+4y = 26$$

ここで，x はツルの数，y はカメの数でした．

この 2 つの方程式を合わせて連立二元一次方程式といいます．「元」というのは未知数のことで，2 つの未知数 x, y にかんする 2 つの一次方程式から成り立っていることを意味します.

(1)式の両辺からxを引くと

$$y = 10-x$$

変数xがさまざまな値をとるときの変数yの値を表にします.

x	0	1	2	3	4	5	6	7	8	9	10
y	10	9	8	7	6	5	4	3	2	1	0

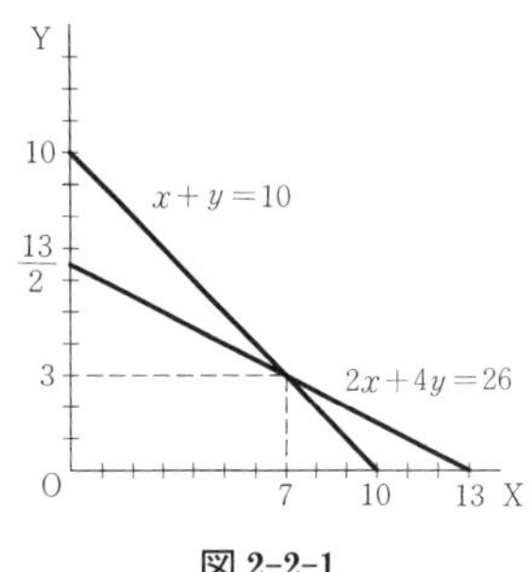

図 2-2-1

この組み合わせを座標(x, y)としてもつような点は，一つの直線上にならんでいます．この直線$x+y=10$が方程式(1)のグラフです.

同じように，方程式(2)のグラフをつくるために，方程式(2)をyについて解きます.

$$y = \frac{13}{2}-\frac{1}{2}x$$

変数xがさまざまな値をとるときの変数yの値を表にします.

x	0	1	2	3	4	5	6	7	8	9	10	11	12	13
y	$6\frac{1}{2}$	6	$5\frac{1}{2}$	5	$4\frac{1}{2}$	4	$3\frac{1}{2}$	3	$2\frac{1}{2}$	2	$1\frac{1}{2}$	1	$\frac{1}{2}$	0

これらの(x, y)の組み合わせは直線

$$2x+4y = 26$$

の上にあることがわかります.

このとき，2つの直線が交わる点の座標は$(7, 3)$です．このようにして，$x=7$，$y=3$が上の連立二元一次方程式(1)，(2)の解となり，鶴亀算の例題1の答えがツル7匹，カメ3匹となったわけです.

鶴亀算の例題2も方程式のグラフを使って解いてみましょう.

(1) $$x+y = 8$$

(2) $$25x+30y = 210$$

方程式(1)と(2)はつぎのようにあらわせます.

(1)′ $$y = 8-x$$

(2)′ $$y = 7-\frac{5}{6}x$$

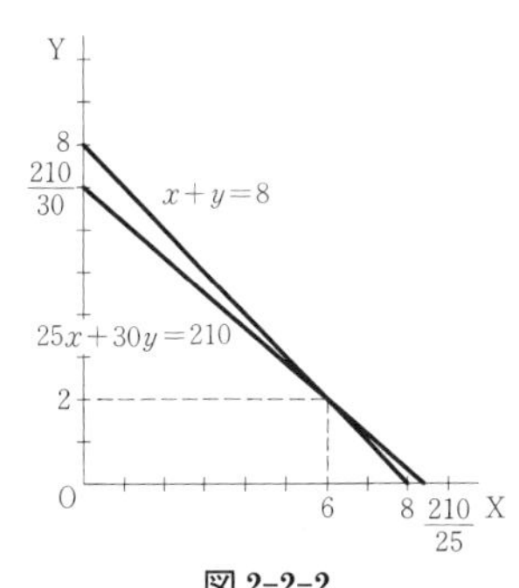

図 2-2-2

方程式(1), (2)のグラフは，図2-2-2の2つの直線となり

ます.

この2つの直線の交点の座標は$(6, 2)$で，例題2の答えとして，黒鉛筆6本，赤鉛筆2本となるわけです.

練習問題　第1章3「鶴亀算を解く」の練習問題をグラフを使って解きなさい.

つぎに，鶴亀算の応用の例題1(流水算)を取り上げます.

(1)　$$2(x+y) = 10$$

(2)　$$\frac{5}{2}(x-y) = 10$$

(1), (2)の両辺をそれぞれ，$2, \frac{5}{2}$で割ると

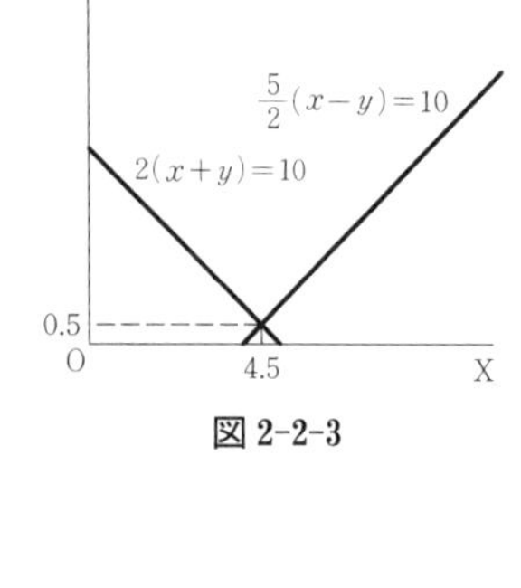

図 2-2-3

(1)′　$$x+y = 5$$

(2)′　$$x-y = 4$$

まず，方程式(1)′に注目します.

$$x = 0 \quad のとき，y = 5$$

$$y = 0 \quad のとき，x = 5$$

方程式(1)′のグラフは，$(0, 5), (5, 0)$という2つの点を通りますから，図の直線$x+y = 5$となります.

方程式(2)′についてみると

$$y = 0 \quad のとき，x = 4$$

$$x = 10 \quad のとき，y = 6$$

したがって，方程式(2)′のグラフは，2つの点$(4, 0), (10, 6)$を通る直線$x-y=4$となります．この2つの直線の交点の座標は$(4.5, 0.5)$です.

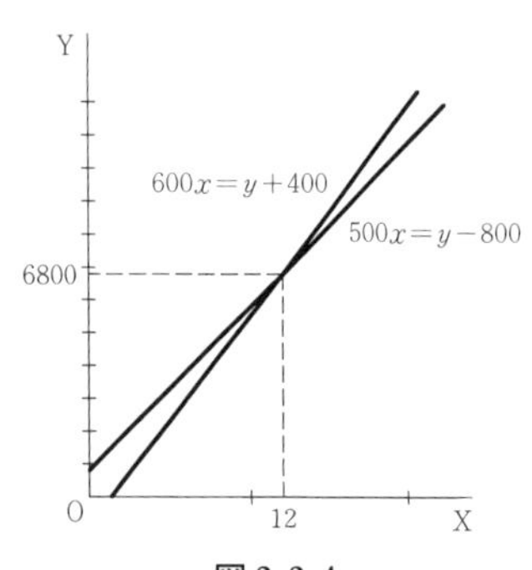

図 2-2-4

つぎに，鶴亀算の応用の例題2(過不足算)を取り上げます.

(1)　$$600x = y+400$$

(2)　$$500x = y-800$$

あるいは

(1)′　$$y = 600x-400$$

(2)′　$$y = 500x+800$$

この連立二元一次方程式のグラフは，図2-2-4の2つの直線であらわされ，その交点の座標は$(12, 6800)$となります．ここで，X軸とY軸とで，単位1の長さが極端にちがうこ

とに注意してください.

つぎに，鶴亀算の応用の例題3(ニュートン算)の方程式を取り上げます.

(1) $x+24y=720$

(2) $x+12y=480$

この連立二元一次方程式のグラフが図の2つの直線の交点(240, 20)となることはかんたんにわかるでしょう.

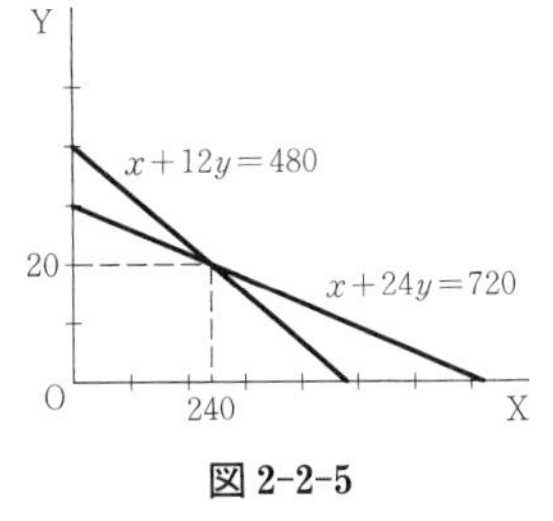

図2-2-5

練習問題 第1章4「鶴亀算の応用」の練習問題をグラフを使って解きなさい.

連立二元一次方程式を考える

連立二元一次方程式の意味を考えてみたいと思います．まず，鶴亀算の例題1の連立二元一次方程式を取り上げてみましょう.

$$\begin{cases} x+y=10 \\ 2x+4y=26 \end{cases}$$

xはツルの数，yはカメの数でした.

ここで，ツルとカメの足の数を合わせると，27本となる場合を考えてみます.

(1) $x+y=10$

(2) $2x+4y=27$

この連立二元一次方程式を解きます.

(1)×2 $2x+2y=20$

(2)−(1)×2 $2y=7$

$$y=3\frac{1}{2}$$

$y=3\frac{1}{2}$ を(1)に代入すれば

$$x+3\frac{1}{2}=10$$

34ページの練習問題の答え

略

36ページの練習問題の答え

略

37ページの練習問題の答え

略

$$x = 10-3\frac{1}{2} = 6\frac{1}{2}$$

ツル $6\frac{1}{2}$ 匹，カメ $3\frac{1}{2}$ 匹という答えを得られたわけです．

$x=6\frac{1}{2}$，$y=3\frac{1}{2}$ を(1),(2)式に代入すると

$$6\frac{1}{2}+3\frac{1}{2} = 10$$

$$2\times6\frac{1}{2}+4\times3\frac{1}{2} = 27$$

この答えは鶴亀算の答えとしては不適当ですが，連立二元一次方程式(1),(2)の解になっていることは事実です．

練習問題　つぎの連立二元一次方程式をグラフで解きなさい．

(1) $\begin{cases} x+y = 8 \\ 2x+4y = 21 \end{cases}$　　(2) $\begin{cases} x+y = 7 \\ 3x+5y = 24 \end{cases}$

(3) $\begin{cases} 3x+2y = 5 \\ 5x+6y = 13 \end{cases}$　　(4) $\begin{cases} x+y = 0.2 \\ 2x+3y = 0.5 \end{cases}$

つぎの連立二元一次方程式を考えてみましょう．

$$\begin{cases} x+y = 10 \\ 2x+4y = 16 \end{cases}$$

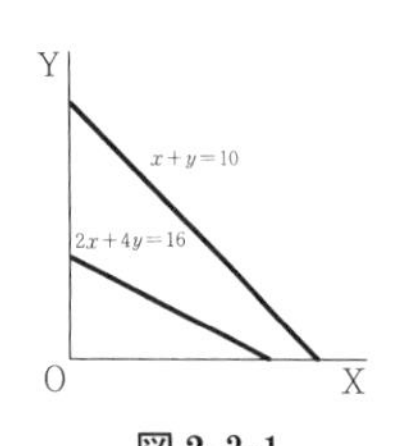

図 2-3-1

鶴亀算の問題として考えてみると，ツルとカメと合わせて10匹いて，足の数が全部で16本ということになります．10匹が全部ツルだったとしても，足の数は20本なければなりませんから，この問題に解がないことはすぐわかります．この連立二元一次方程式をグラフを使ってあらわすと，左のようになります．

この2つの直線の交点はありません．しかし，この2つの直線を延長すると，交点が存在します．

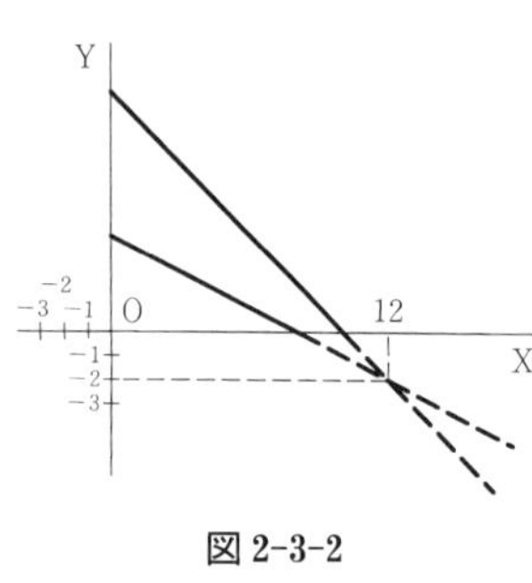

図 2-3-2

X軸を左の方に延長して，原点Oからはかって，1, 2, 3, … だけ離れている点を −1, −2, −3, … とし，またY軸を下の方に延長して，原点Oからはかって，1, 2, 3, … だけ離れた点を−1, −2, −3, … とします．この2つの直線の交点は，X座標が12，Y座標が −2 です．

$x=12$，$y=-2$ の値を上の連立二元一次方程式に代入する

と

$$12+(-2)=10$$
$$2\times 12+4\times(-2)=16$$

12 に (−2) を足すことは，12 から 2 を引くと考えると

$$12+(-2)=12-2=10$$

また

$$4\times(-2)=-8$$

と考えて

$$24+(-8)=24-8=16$$

−1, −2, −3, … のような数を負数といいます．1, 2, 3, … は正数で，0 は正数でも負数でもありません．

練習問題　つぎの連立二元一次方程式をグラフで解きなさい．

(1) $\begin{cases} x+y=7 \\ 4x+2y=34 \end{cases}$　(2) $\begin{cases} x+y=9 \\ 4x+2y=41 \end{cases}$

(3) $\begin{cases} 3x+2y=8 \\ 5x+6y=30 \end{cases}$　(4) $\begin{cases} x+y=0.3 \\ 2x+3y=0.5 \end{cases}$

第 1 章 4「鶴亀算の応用」の例題 1(流水算)を例にして，連立二元一次方程式の解法を考えてみます．例題 1 は，つぎの連立二元一次方程式を解けばよかったわけです．

$$\begin{cases} 2(x+y)=10 \\ \dfrac{5}{2}(x-y)=10 \end{cases}$$

ここで，ボートをこぐ速さは毎時 x km，川の流れは毎時 y km でした．

この連立二元一次方程式は，つぎのようにかんたんにできます．

$$\begin{cases} x+y=5 \\ x-y=4 \end{cases}$$

この 2 つの方程式のグラフは，つぎの図の 2 つの直線になり，その交点は (4.5, 0.5) です．

ここで，この連立二元一次方程式を少し変えて，つぎのような連立二元一次方程式を考えてみましょう．

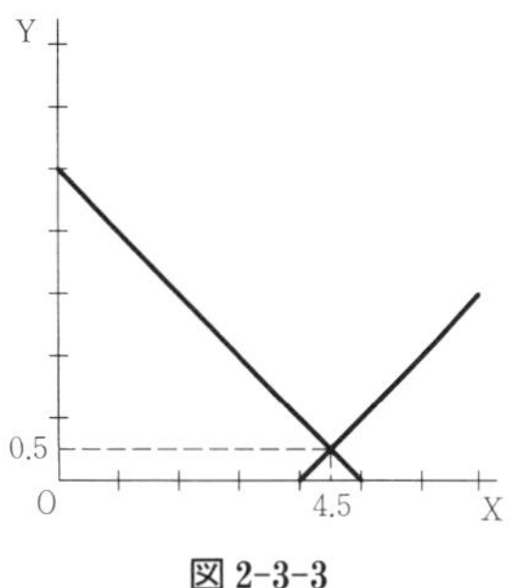

図 2-3-3

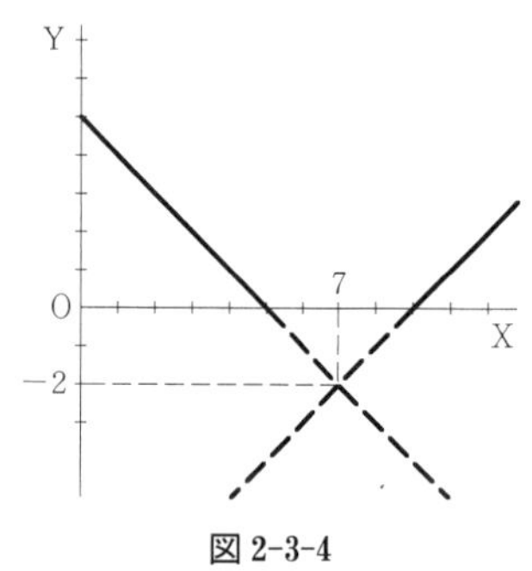

図 2-3-4

$$\begin{cases} x+y=5 \\ x-y=9 \end{cases}$$

この連立二元一次方程式のグラフは，図 2-3-4 の 2 つの直線となり，その交点は (7, −2) です．

$$x+y = 7+(-2) = 5$$
$$x-y = 7-(-2) = 9$$

連立二元一次方程式の解が存在しないことがある

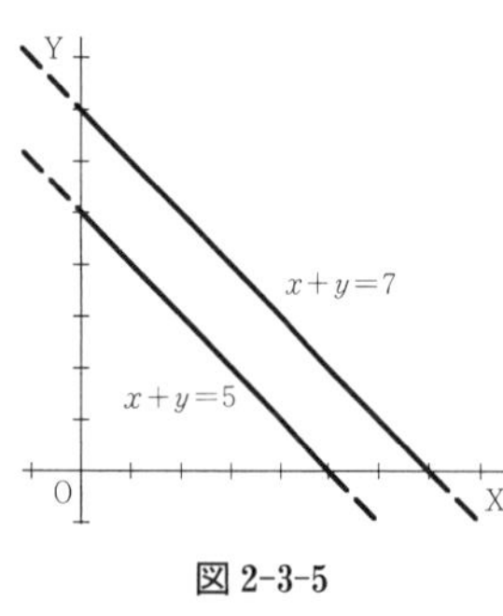

図 2-3-5

つぎの連立二元一次方程式を考えてみます．

$$\begin{cases} x+y=5 \\ x+y=7 \end{cases}$$

この方程式のグラフは，図 2-3-5 の 2 つの直線であらわされますが，この 2 つの直線は平行で，交点がありません．つまり，解は存在しないのです．

練習問題　つぎの連立二元一次方程式を解きなさい．

(1) $\begin{cases} 2x+y=5 \\ 4x+2y=20 \end{cases}$　　(2) $\begin{cases} 3x+5y=1 \\ 9x+15y=4 \end{cases}$

連立二元一次方程式の解が無数に存在することもある

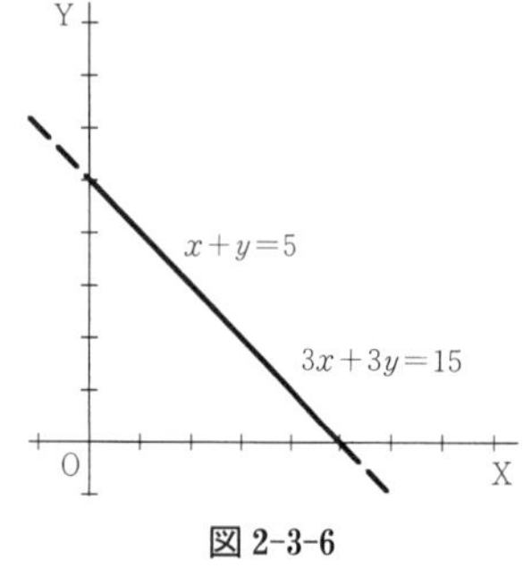

図 2-3-6

つぎの連立二元一次方程式を取り上げてみます．

$$\begin{cases} x+y=5 \\ 3x+3y=15 \end{cases}$$

この連立二元一次方程式のグラフは，図 2-3-6 の 2 つの直線です．しかし，同じ直線となってしまって，その交点，つまり解は無数に存在します．

練習問題　つぎの連立二元一次方程式を解きなさい．

(1) $\begin{cases} 2x+y=5 \\ 4x+2y=10 \end{cases}$　　(2) $\begin{cases} 3x+5y=1 \\ 9x+15y=3 \end{cases}$

4

負数を考える☆

バビロニアの人々は数字についてすぐれた理解をもっていました．代数の考え方を思いついたのもバビロニアの人々でしたが，かれらは負数を理解することができませんでした．もっとも，エジプト，ギリシアの数学者たちも，負数については，できるだけ避けるようにしていたのです．しかし，これまでお話しした連立二元一次方程式の解法からもわかるように，数学の考え方にとって，負数は決定的に重要な役割をはたします．ここでは，多少むずかしくなりますが，負数とは何かという問題を考えてみたいと思います．負数にかんしてはわかりにくい計算の法則がありますが，負数とは何かという問題を考え直してみると，意外にかんたんに負数の計算をすることができるようになります．

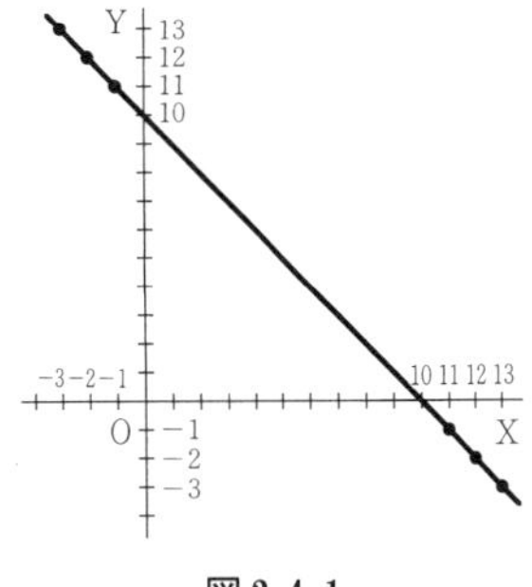

図 2-4-1

負数の意味をもっとくわしく考えるために，方程式

$$x+y = 10$$

のグラフの直線を取り上げてみましょう．

この直線上のいくつかの点を例示します．

$(-3)+13 = 10,\quad (-2)+12 = 10,\quad (-1)+11 = 10,\quad \cdots$

$11+(-1) = 10,\quad 12+(-2) = 10,\quad 13+(-3) = 10,\quad \cdots$

この方程式をつぎのように書いてみます．

$$y = 10-x$$

x が負数のときは，つぎのように考えます．

$x = -1$　のとき，$y = 10-(-1) = 10+1 = 11$

$x = -2$　のとき，$y = 10-(-2) = 10+2 = 12$

$x = -3$　のとき，$y = 10-(-3) = 10+3 = 13$

また，x が 10 より大きいときには

$x = 11$　のとき，$y = 10-11 = -1$

$x = 12$　のとき，$y = 10-12 = -2$

$x = 13$　のとき，$y = 10-13 = -3$

38 ページの練習問題の答え

(1)　$x = \frac{11}{2},\ y = \frac{5}{2}$

(2)　$x = \frac{11}{2},\ y = \frac{3}{2}$

(3)　$x = \frac{1}{2},\ y = \frac{7}{4}$

(4)　$x = 0.1,\ y = 0.1$

39 ページの練習問題の答え

(1)　$x = 10,\ y = -3$

(2)　$x = \frac{23}{2},\ y = -\frac{5}{2}$

(3)　$x = -\frac{3}{2},\ y = \frac{25}{4}$

(4)　$x = 0.4,\ y = -0.1$

負数とトランプの借り

少しくどいようですが，トランプの例を使って，負数の意味を説明することにしましょう．

A 君と B 君がそれぞれ，トランプを 5 枚ずつもっているとします．いまサイコロを振って，偶数の目が出たら，A 君から B 君にトランプを 1 枚渡し，奇数の目が出たら，B 君から A 君にトランプを 1 枚渡すとします．A 君のもっているトランプの枚数を x とし，B 君のもっているトランプの枚数を y とすると

$$x+y=10$$

という関係が常に成立します．トランプはぜんぶで 10 枚しかなく，A 君と B 君の間で行き来するだけだからです．

いまかりに，ずっと偶数の目が出つづけて，A 君の手許(てもと)にはトランプが 1 枚もなくなってしまったとします．

$$x=0, \quad y=10$$

さて，サイコロを振ったところまた偶数の目が出たとします．A 君から B 君にトランプを 1 枚渡さなければならないのですが，A 君の手許にはトランプは 1 枚もありません．このとき，A 君は B 君からトランプを 1 枚借りることにして，A 君のもっているトランプの枚数はマイナス 1，つまり -1 だと考えようというわけです．B 君のもっているトランプの枚数は 11 枚ですから

$$x=-1, \quad y=11$$

$$x+y=(-1)+11=10$$

となってうまくいきます．つづいてサイコロを振ったところまた偶数の目が出たとします．A 君は B 君からもう 1 枚トランプを借りなければなりません．

$$x=-2, \quad y=12$$

$$x+y=(-2)+12=10$$

ところが，つぎにサイコロを振ったところまた偶数の目が出てしまって，A 君は B 君からまたもう 1 枚トランプを借りなければならなかったとします．

$$x=-3, \quad y=13$$

$$x+y=(-3)+13=10$$

40 ページの練習問題(上)の答え

(1)　解なし　　(2)　解なし

40 ページの練習問題(下)の答え

(1)　解が無数に存在する

(2)　解が無数に存在する

つぎにサイコロを振ってようやく奇数の目が出たとします．A 君が B 君から借りているトランプの枚数は 1 枚へって，2 枚となります．

$$x = -2, \quad y = 12$$

$$x+y = (-2)+12 = 10$$

このようにして，A 君と B 君がもっているトランプの枚数の和はいつも 10 枚となるわけです．

練習問題

(1)　$(-3)+5 =$	(2)　$6+(-2) =$
(3)　$4+(-6) =$	(4)　$(-7)+3 =$
(5)　$5-(-2) =$	(6)　$(-3)+(-5) =$
(7)　$(-3)+(-4) =$	(8)　$(-4)+(-7) =$
(9)　$0-4 =$	(10)　$0-(-5) =$

負数の考え方

負数の考え方は，一次方程式を解くために導入されました．たとえば，-3 という負数は

$$x+3 = 0$$

という一次方程式をみたすような変数 x の値として導入されました．負数 -3 は

$$\square+3 = 0$$

という等式をみたす新しい「数」□として定義されたわけです．

もう 1 つ例をあげれば，$-\dfrac{4}{7}$ は

$$\square+\frac{4}{7} = 0$$

という方程式をみたす「数」□として決まってくるわけです．

ほー

負数は，英語で Negative Number です．「否定的」あるいは「消極的」な数という意味です．正数の英語は Positive Number です，「肯定的」あるいは「積極的」な数を意味します．

2つの負数の和

負数という「数」をこのように考えれば，2つの負数を足し合わせるという演算はつぎのようにすれば計算できます．例として

$$(-3)+(-5) = -8$$

という足し算を取り上げましょう．

$$(-3)+(-5)$$

がどういう「数」になるかを見るために

$$\square = (-3)+(-5)$$

とおきます．

$$\begin{aligned}\square+5 &= \{(-3)+(-5)\}+5\\ &= (-3)+\{(-5)+5\}\\ &= (-3)+0 = -3\end{aligned}$$

$$(\square+5)+3 = (-3)+3 = 0$$

$$\square+8 = 0$$

したがって，-8 の定義によって

$$\square = -8$$

すなわち

$$(-3)+(-5) = -8$$

となるわけです．

くどいようですが，もう1つの例を使って負数の足し算をやってみましょう．

$$\left(-\frac{4}{7}\right)+\left(-\frac{5}{7}\right) = -\frac{9}{7}$$

の計算を「証明」しようというわけです．

$$\square = \left(-\frac{4}{7}\right)+\left(-\frac{5}{7}\right)$$

とおきます．

$$\begin{aligned}\square+\frac{5}{7} &= \left\{\left(-\frac{4}{7}\right)+\left(-\frac{5}{7}\right)\right\}+\frac{5}{7}\\ &= \left(-\frac{4}{7}\right)+\left\{\left(-\frac{5}{7}\right)+\frac{5}{7}\right\}\end{aligned}$$

43ページの練習問題の答え

(1)　2　　(2)　4　　(3)　-2
(4)　-4　　(5)　7　　(6)　-8
(7)　-7　　(8)　-11　　(9)　-4
(10)　5

$$= -\frac{4}{7}$$

$$\left(\square + \frac{5}{7}\right) + \frac{4}{7} = \left(-\frac{4}{7}\right) + \frac{4}{7} = 0$$

$$\square + \left(\frac{5}{7} + \frac{4}{7}\right) = 0$$

$$\square + \frac{9}{7} = 0$$

したがって

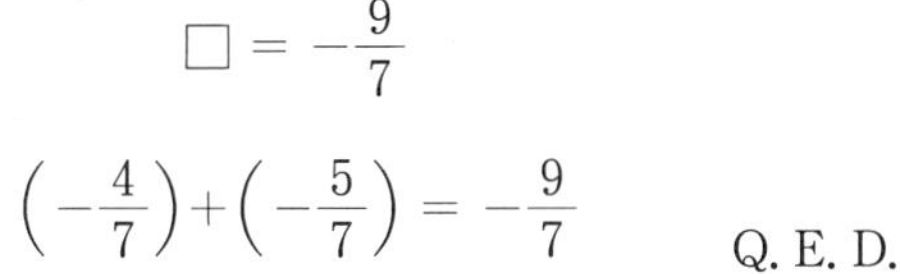

$$\square = -\frac{9}{7}$$

$$\left(-\frac{4}{7}\right) + \left(-\frac{5}{7}\right) = -\frac{9}{7}$$

Q. E. D.

Q. E. D. はラテン語の Quod erat demonstrandum を略したもので，［証明終り］を意味します．

練習問題　つぎの負数の足し算が正しいことを上の方法を使って確かめなさい．

(1)　$\left(-\frac{2}{9}\right) + \left(-\frac{3}{7}\right) = -\frac{41}{63}$

(2)　$(-1.6) + (-3.8) = -5.4$

(3)　$(-a) + (-b) = -(a+b)$　　($a>0$，$b>0$ とする)

負数と正数の和

つぎに，負数と正数の和を考えてみましょう．例として

$$(-3) + 5 = 2$$

という足し算を取り上げましょう．

$$\square = (-3) + 5$$

とおきます．ここで

$$5 = 3 + 2$$

と分解して

$$\begin{aligned} \square &= (-3) + (3+2) \\ &= \{(-3) + 3\} + 2 \\ &= 0 + 2 = 2 \end{aligned}$$

もう 1 つ，つぎの足し算を計算します．

$$(-12) + 3 = -9$$

このとき

$$\square = (-12)+3$$

とおけば

$$\begin{aligned}\square+9 &= \{(-12)+3\}+9 \\ &= (-12)+(3+9) = (-12)+12 = 0\end{aligned}$$

$$\square = -9$$

$$(-12)+3 = -9$$

練習問題　つぎの足し算が正しいことを，上の方法を使って確かめなさい．

(1)　$\left(-\frac{2}{9}\right)+\frac{3}{7}=\frac{13}{63}$　　(2)　$\frac{2}{9}+\left(-\frac{3}{7}\right) = -\frac{13}{63}$

(3)　$(-1.6)+3.8 = 2.2$

(4)　$(-a)+b = b-a$　　$(b>a>0)$

(5)　$(-a)+b = -(a-b)$　　$(a>b>0)$

負数を含む演算

負数にマイナスを付けるとなぜ正数になるのか，考えてみます．例として

$$-(-3) = 3$$

という演算が正しいことを「証明」しましょう．

$$\square = -(-3)$$

とおきます．負数の定義から

$$\square+(-3) = 0$$

この式の両辺に3を加えると，

$$\{\square+(-3)\}+3 = 3$$

左辺は

$$\begin{aligned}\{\square+(-3)\}+3 &= \square+\{(-3)+3\} \\ &= \square+0 = \square\end{aligned}$$

したがって，上の方程式は

$$\square = 3$$

$$-(-3) = 3$$　　Q. E. D.

練習問題　つぎの演算が正しいことを，上の方法を使って確かめなさい．

45ページの練習問題の答え

略

(1)　$-\left(-\dfrac{2}{9}\right)=\dfrac{2}{9}$　　　(2)　$-(-3.8)=3.8$

(3)　$-(-a)=a$　　$(a>0)$

(4)　$-(-a)=a$　　$(a<0)$

負数と正数の掛け算

負数と正数の積は負数になります．なぜでしょうか．つぎの例について考えます．

$$(-3)\times 7=-21$$

$$\square=(-3)\times 7$$

とおけば

$$\begin{aligned}\square+3\times 7&=(-3)\times 7+3\times 7\\&=\{(-3)+3\}\times 7=0\times 7=0\end{aligned}$$

$$\square+21=0$$

$$\square=-21,\ \text{すなわち}\quad(-3)\times 7=-21$$

練習問題　つぎの負数と正数の掛け算が正しいことを確かめなさい．

(1)　$\left(-\dfrac{2}{9}\right)\times\dfrac{3}{7}=-\dfrac{6}{63}$

(2)　$(-1.6)\times 3.8=-6.08$

(3)　$(-a)\times b=-ab$　　$(a,\ b>0)$

(4)　$(-a)\times b=-ab$　　$(a>0,\ b<0)$

負数と負数の積

負数と負数を掛け合わせると正数になります．なぜでしょうか．これは，つぎのように考えます．

$$(-3)\times(-5)=15$$

という掛け算を取り上げましょう．

$$\square=(-3)\times(-5)$$

とおきます．

$$(-3)\times 5=-15$$

となることは，上に示した通りです．

$$\square+(-3)\times 5=(-3)\times(-5)+(-3)\times 5$$

$$= (-3)\times\{(-5)+5\} = (-3)\times 0 = 0$$

したがって，負数の定義によって，

$$\square = -(-3)\times 5 = -(-15) = 15$$

$$(-3)\times(-5) = 15$$

念のため，もう一つ例をあげておきます．つぎの 2 つの負数の積を考えます．

$$\left(-\frac{4}{7}\right)\times\left(-\frac{5}{7}\right) = \frac{20}{49}$$

$$\square = \left(-\frac{4}{7}\right)\times\left(-\frac{5}{7}\right)$$

とおけば，上の議論から

$$\frac{4}{7}\times\left(-\frac{5}{7}\right) = -\frac{4}{7}\times\frac{5}{7} = -\frac{20}{49}$$

$$\begin{aligned}\square+\frac{4}{7}\times\left(-\frac{5}{7}\right) &= \left(-\frac{4}{7}\right)\times\left(-\frac{5}{7}\right)+\frac{4}{7}\times\left(-\frac{5}{7}\right)\\ &= \left\{\left(-\frac{4}{7}\right)+\frac{4}{7}\right\}\times\left(-\frac{5}{7}\right)\\ &= 0\times\left(-\frac{5}{7}\right) = 0\end{aligned}$$

$$\square+\left(-\frac{20}{49}\right) = 0$$

$$\square = -\left(-\frac{20}{49}\right) = \frac{20}{49}$$

$$\left(-\frac{4}{7}\right)\times\left(-\frac{5}{7}\right) = \frac{20}{49}$$

練習問題　つぎの 2 つの負数の掛け算が正しいことを確かめなさい．

(1)　$\left(-\frac{2}{9}\right)\times\left(-\frac{3}{7}\right) = \frac{6}{63}$

(2)　$(-1.6)\times(-3.8) = 6.08$

(3)　$(-a)\times(-b) = ab$　　$(a,\ b>0)$

(4)　$(-a)\times(-b) = ab$　　$(a>0,\ b<0)$

[0 でない数 a の自乗 a^2 は必ず，正数となることがわかります．]

46 ページの練習問題(上)の答え

略

46 ページの練習問題(下)の答え

略

47 ページの練習問題の答え

略

負数を含む割り算

負数を含む割り算も同じように計算することができます．まず，負数の逆数を考えてみます．たとえば

$$\frac{1}{-3} = -\frac{1}{3}$$

です．このことは，つぎのようにして「証明」できます．

$$\square = \frac{1}{-3}$$

とおきます．これは

$$\square \times (-3) = 1$$

を意味します．この式の両辺に $-\dfrac{1}{3}$ を掛けます．

$$1 \times \left(-\frac{1}{3}\right) = -\frac{1}{3}$$

$$\{\square \times (-3)\} \times \left(-\frac{1}{3}\right) = \square \times \left\{(-3) \times \left(-\frac{1}{3}\right)\right\}$$

2つの負数の掛け算の考え方を使えば

$$(-3) \times \left(-\frac{1}{3}\right) = 3 \times \frac{1}{3} = 1$$

$$\{\square \times (-3)\} \times \left(-\frac{1}{3}\right) = \square \times 1 = \square$$

したがって，上の方程式は

$$\square = -\frac{1}{3}$$

$$\frac{1}{-3} = -\frac{1}{3} \qquad \text{Q. E. D.}$$

つぎの割り算を考えてみましょう．

$$5 \div (-3) = \frac{5}{-3}$$

この割り算は

$$5 \div (-3) = 5 \times \left(-\frac{1}{3}\right) = -5 \times \frac{1}{3} = -\frac{5}{3}$$

$$5 \div (-3) = -\frac{5}{3}$$

同じように

$$(-5)\div(-3)=\frac{5}{3}$$

$$(-5)\div(-3)=(-5)\times\left(-\frac{1}{3}\right)=5\times\frac{1}{3}=\frac{5}{3}$$

練習問題　つぎの負数を含む割り算が正しいことをたしかめなさい.

(1)　$\left(-\frac{2}{9}\right)\div\frac{3}{7}=-\frac{14}{27}$

(2)　$(-1.6)\div 3.8=-\frac{1.6}{3.8}$

(3)　$(-a)\div b=-\frac{a}{b}\qquad(b\neq 0)$

(4)　$a\div(-b)=-\frac{a}{b}\qquad(b\neq 0)$

48 ページの練習問題の答え

略

50 ページの練習問題の答え

略

第2章　方程式をグラフで解く　問　題

問題1　つぎの各問題の2つの方程式のグラフをえがき，平行となっていることをたしかめなさい．

(1)　$y = 3x+2$
　　$6x-2y+4 = 0$

(2)　$y = 3x+4$
　　$x-\dfrac{y}{3} = 2$

(3)　$5x+4y = 20$
　　$\dfrac{x}{4}+\dfrac{y}{5} = 1$

(4)　$y = -\dfrac{5}{4}x+3$
　　$\dfrac{x}{4}+\dfrac{y}{5} = 1$

問題2☆　つぎの各点Pを通り，与えられた直線に平行な直線の方程式を求めなさい．

(1)　$\mathrm{P} = (3,2)$，$y = 8x+5$

(2)　$\mathrm{P} = (15,6)$，$y = -7x+15$

(3)　$\mathrm{P} = (-2,2)$，$y = -3x-10$

(4)　$\mathrm{P} = (9,-8)$，$y = \dfrac{2}{3}x-\dfrac{1}{5}$

問題3☆　つぎの2つの点P, Qを通る直線の方程式を求めなさい．

(1)　$\mathrm{P} = (3,2)$，$\mathrm{Q} = (10,6)$

(2)　$\mathrm{P} = (15,6)$，$\mathrm{Q} = (7,12)$

(3)　$\mathrm{P} = (-2,2)$，$\mathrm{Q} = (4,-3)$

(4)　$\mathrm{P} = (9,-8)$，$\mathrm{Q} = (16,-4)$

問題4☆

(1)　つぎの連立二元一次方程式の解をグラフを使って求めなさい．

$$\begin{cases} 3x+2y-4 = 0 \\ 2x+5y+1 = 0 \end{cases}$$

(2)　kを任意の定数とするとき

$$(3x+2y-4)+k(2x+5y+1) = 0$$

のグラフは，かならず上の交点を通ることを証明しなさい．

第3章
連立二元一次方程式の解の公式

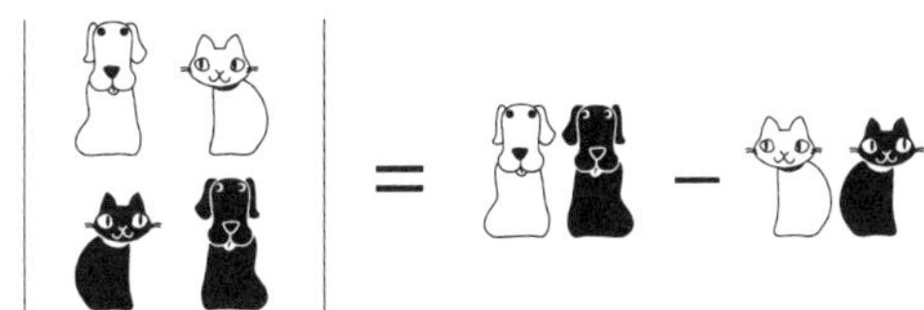

行列式

連立二元一次方程式の解を計算するとき，行列式という便利なものを使います．くわしいことは本文にゆずって，ここでは，行列式の考え方をかんたんな例を使って説明しておきましょう．つぎのような数の配置――行列といいます――を取り上げます．

$$\begin{pmatrix} 5 & 2 \\ 3 & 7 \end{pmatrix}$$

$(5 \quad 2), (3 \quad 7)$ を行といい，$\begin{pmatrix} 5 \\ 3 \end{pmatrix}, \begin{pmatrix} 2 \\ 7 \end{pmatrix}$ を列といいます．このとき，つぎの数が行列式です．

$$\begin{vmatrix} 5 & 2 \\ 3 & 7 \end{vmatrix} = 5 \times 7 - 2 \times 3 = 35 - 6 = 29$$

この行列式の考え方は，連立二元一次方程式の解の公式を記憶しやすい形であらわすことができるだけでなく，『好きになる数学入門』の第4巻『図形を変換する―線形代数』でたいへん重要な役割を演じます．

1

一次方程式を考える

さて，これから連立二元一次方程式を一般的に解く方法についてお話しするわけですが，その前にもう一度，一次方程式の意味を考えてみたいと思います．

一次方程式　$y=ax+b$

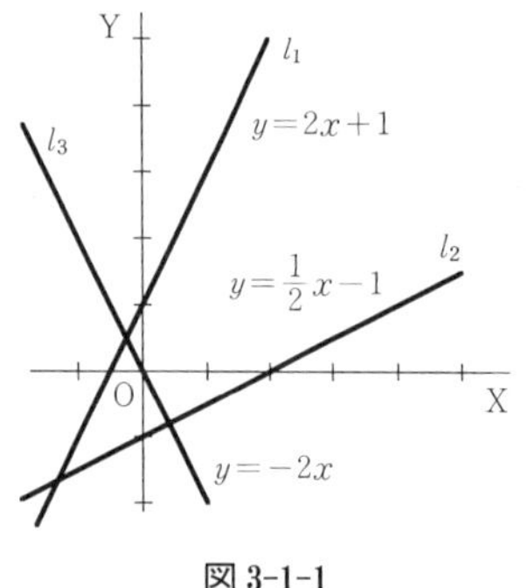

図 3-1-1

$$y = ax+b$$

という形の一次方程式を取り上げましょう．

たとえば，$a=2$，$b=1$ のとき

$$y = 2x+1$$

という方程式となるわけです．この方程式のグラフは，左の図の l_1 直線であらわせます．

同じように，$a=\frac{1}{2}$，$b=-1$ のときは

$$y = \frac{1}{2}x-1$$

となって，そのグラフは図の l_2 直線であらわされます．

また，$a=-2$，$b=0$ のときには

$$y = -2x$$

となって，そのグラフは図の l_3 直線であらわされます．

練習問題　上の3つの場合について，一次方程式のグラフがそれぞれ，l_1, l_2, l_3 直線であらわされることを自分でじっさいにグラフをえがいて確かめなさい．

一次方程式　$ax+by=c$

$$ax+by = c$$

の形をした一次方程式を考えてみましょう．ここで，a, b, c は定数とします．

たとえば，$a=2$，$b=3$，$c=12$ のとき

$$2x+3y=12$$

となるわけです．この一次方程式のグラフは右の図の l_1 直線であらわされます．

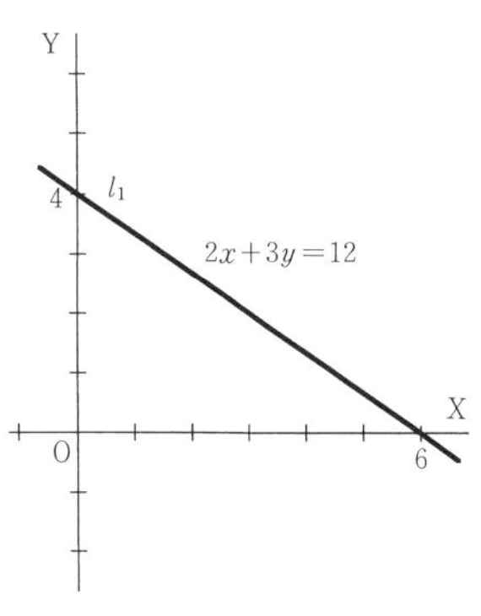

図 3-1-2

$$x=0 \quad \text{のとき，} \ y=\frac{12}{3}=4$$

$$y=0 \quad \text{のとき，} \ x=\frac{12}{2}=6$$

ですから，上のグラフは $(0,4)$, $(6,0)$ という 2 つの点を通る直線となることがわかります．

一般に

$$ax+by=c$$

という一次方程式についてみれば

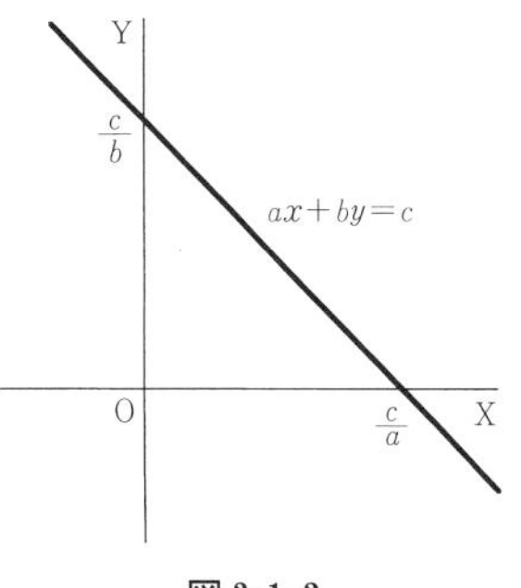

図 3-1-3

$$x=0 \quad \text{のとき，} \ y=\frac{c}{b}$$

$$y=0 \quad \text{のとき，} \ x=\frac{c}{a}$$

この一次方程式のグラフは

$$\left(0, \frac{c}{b}\right), \qquad \left(\frac{c}{a}, 0\right)$$

という 2 つの点を通る直線となります．

上で，a, b で割るという操作をしましたから

$$a \neq 0, \qquad b \neq 0$$

でなければなりません．

$a=0$，または $b=0$ のとき，$ax+by=c$ のグラフはどうなるでしょうか．

練習問題　つぎの一次方程式のグラフをえがきなさい．

(1)　$3x+5y=15$　　(2)　$x+2y=1$

(3)　$-2x+y=6$　　(4)　$3x-5y=15$

(5)　$-3x-2y=6$　　(6)　$-3x-2y=-6$

たとえば，上の練習問題(3)について

$$x=0 \quad \text{のとき，} \ y=6$$

$$y=0 \quad \text{のとき，} \ x=\frac{6}{-2}=-3$$

グラフは

$$(0,6), \qquad (-3,0)$$

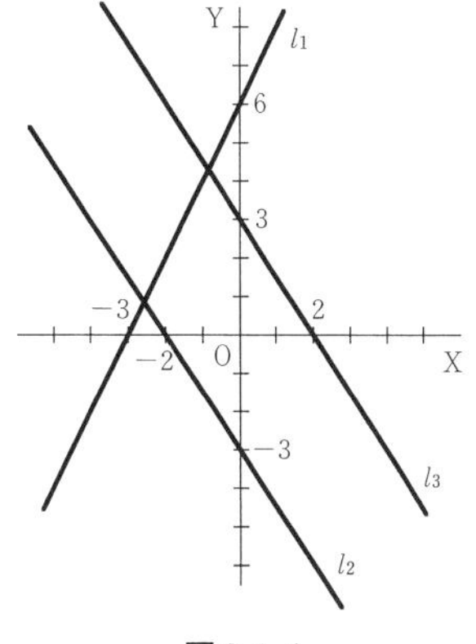

図 3-1-4

の2点を通る直線 l_1 となります．

(3)の方程式は，つぎのように書き直すこともできます．

$$y = 2x+6$$

$$x = 0 \quad のとき，y = 6$$

$$x = 1 \quad のとき，y = 8$$

練習問題(5)の方程式については

$$x = 0 \quad のとき，y = \frac{6}{-2} = -3$$

$$y = 0 \quad のとき，x = \frac{6}{-3} = -2$$

したがって，グラフは図の l_2 直線のようになります．

練習問題(6)の方程式については

$$x = 0 \quad のとき，y = \frac{-6}{-2} = 3$$

$$y = 0 \quad のとき，x = \frac{-6}{-3} = 2$$

したがって，グラフは図の l_3 直線であらわすことができます．

2

複雑な連立二元一次方程式を解く

連立二元一次方程式を消去法で解く

これまで，いくつかの連立二元一次方程式を解いてきましたが，ここで，どんなに複雑な連立二元一次方程式でも解ける解き方を整理してみたいと思います．まず，つぎの連立二元一次方程式を考えてみましょう．

(1) $3x-2y = 4$

(2) $2x+5y = 9$

この連立二元一次方程式はかんたんに解けそうにありません．そこでまず，y を消去することからはじめましょう．最初のステップとして，(1)の方程式の両辺に5を掛けます．

54ページの練習問題の答え

略

55ページの練習問題の答え

略

$$15x-10y=20$$

つぎに，(2)の方程式の両辺に2を掛けます．

$$4x+10y=18$$

この2つの方程式の両辺を足し合わせると，

$$(15+4)x+(-10+10)y=20+18$$

$$19x=38$$

$$x=\frac{38}{19}=2$$

$x=2$ を最初の方程式に代入すれば

$$3\times2-2y=4$$

$$6-2y=4$$

$$-2y=4-6=-2$$

$$y=1$$

$(x, y)=(2, 1)$ が最初に与えられた連立二元一次方程式の解です．

じじつ，$(x, y)=(2, 1)$ を上の連立二元一次方程式に代入すれば

$$3\times2-2\times1=4$$

$$2\times2+5\times1=9$$

このような解法を消去法といいます．ここで説明したのは y を消去したのですが，x を消去しても同じように解くことができます．(1)の方程式の両辺に2を掛けます

(1)′ $\quad 6x-4y=8$

つぎに，(2)の方程式の両辺に3を掛けます．

(2)′ $\quad 6x+15y=27$

(2)′−(1)′ $\quad 19y=19$

$$y=1$$

$y=1$ を最初の連立二元一次方程式に代入すれば

$$3x-2=4$$

$$3x=4+2=6$$

$$x=2$$

このようにして，上の連立二元一次方程式の解 $(x, y)=(2, 1)$ が求められたわけです．

練習問題　つぎの連立二元一次方程式を消去法によって解

きなさい．

(1) $\begin{cases} 3x-y=4 \\ -2x+7y=29 \end{cases}$　　(2) $\begin{cases} -5x+3y=29 \\ 4x+9y=68 \end{cases}$

(3) $\begin{cases} -3x+y=1 \\ 2x-5y=21 \end{cases}$　　(4) $\begin{cases} 0.5x+0.3y=11 \\ 0.4x-1.2y=-20 \end{cases}$

(5) $\begin{cases} \dfrac{1}{2}x-\dfrac{1}{3}y=-1 \\ \dfrac{2}{3}x+\dfrac{3}{4}y=13 \end{cases}$　　(6) $\begin{cases} \dfrac{4}{5}x-\dfrac{3}{7}y=14 \\ \dfrac{3}{8}x+\dfrac{5}{6}y=50 \end{cases}$

連立二元一次方程式を代入法で解く

2章でグラフを使って解いた問題も，この方法ならかんたんだったんだね．

連立二元一次方程式の解法に，代入法というのがあります．代入法は消去法に比べると計算が複雑なことが多いのですが，代数ではもっとも基本的な解法です．例として，つぎの連立二元一次方程式を取り上げましょう．

$$\begin{cases} 3x-2y=4 \\ 2x+5y=9 \end{cases}$$

まず，第1の方程式をxについて解きます．

$$3x=2y+4$$

$$x=\frac{2}{3}y+\frac{4}{3}$$

第2の方程式に代入すれば

$$2\left(\frac{2}{3}y+\frac{4}{3}\right)+5y=9$$

整理して

$$\begin{aligned} 4y+8+15y&=27 \\ 19y+8&=27 \\ 19y&=19 \\ y&=1 \end{aligned}$$

この解$y=1$を

$$x=\frac{2}{3}y+\frac{4}{3}$$

に代入して

$$x=\frac{2}{3}\times1+\frac{4}{3}=2$$

$$(x, y) = (2, 1)$$

が解となります.

上に説明した代入法では

$$x = \frac{2}{3}y + \frac{4}{3}$$

を第2の方程式に代入して，y の値を求めました．同じようにして，第1の方程式

$$3x - 2y = 4$$

を y について解けば

$$y = \frac{3}{2}x - 2$$

この式を第2の方程式に代入すれば

$$2x + 5\left(\frac{3}{2}x - 2\right) = 9$$

$$\begin{aligned} 4x + 15x - 20 &= 18 \\ 19x &= 38 \\ x &= 2 \end{aligned}$$

$x=2$ を

$$y = \frac{3}{2}x - 2$$

に代入すれば

$$y = \frac{3}{2} \times 2 - 2 = 1$$

このようにして，$(x, y) = (2, 1)$ という解が求められたわけです.

練習問題　これまで出てきた連立二元一次方程式の練習問題を代入法を使って解きなさい.

3

連立二元一次方程式の解の公式☆

つぎのような一般的な形をした連立二元一次方程式を考えます．

(1) $$ax+by=m$$

(2) $$cx+dy=n$$

ここで，a, b, c, d, m, n は定数とします．58ページであげた例は

$$a=3,\quad b=-2,\quad m=4$$
$$c=2,\quad d=5,\quad n=9$$

この連立二元一次方程式を消去法で解くことにしましょう．まず，(1)式の両辺に d を掛けます．

$$dax+dby=dm$$

つぎに，(2)式の両辺に b を掛けます．

$$bcx+bdy=bn$$

第1の方程式から第2の方程式を引けば

(3) $$(ad-bc)x=dm-bn$$

ここで

$$ad-bc\neq 0$$

という条件がみたされている場合を考えます．

(3)の両辺を $ad-bc$ で割って

$$x=\frac{dm-bn}{ad-bc}$$

この x を第1の方程式に代入して，y について解いてもよいのですが，ここではもっとかんたんな方法をとります．まず，(1)式の両辺に c を掛けます．

$$cax+cby=cm$$

つぎに，(2)式の両辺に a を掛けます．

$$acx+ady=an$$

第2の方程式から第1の方程式を引けば

$$(ad-bc)y=an-cm$$

57ページの練習問題の答え

(1) $(x, y)=(3, 5)$
(2) $(x, y)=(-1, 8)$
(3) $(x, y)=(-2, -5)$
(4) $(x, y)=(10, 20)$
(5) $(x, y)=(6, 12)$
(6) $(x, y)=(40, 42)$

59ページの練習問題の答え

略

$$y = \frac{an-cm}{ad-bc}$$

このようにして，つぎの公式が求められました．

$$x = \frac{dm-bn}{ad-bc}, \quad y = \frac{an-cm}{ad-bc}$$

じじつ，このようにして求めた x, y の値を方程式(1)，(2)の左辺に代入してみると，つぎのようになります．

$$\begin{aligned} ax+by &= a\frac{dm-bn}{ad-bc}+b\frac{an-cm}{ad-bc} = \frac{adm-abn}{ad-bc}+\frac{abn-bcm}{ad-bc} \\ &= m \end{aligned}$$

$$\begin{aligned} cx+dy &= c\frac{dm-bn}{ad-bc}+d\frac{an-cm}{ad-bc} = \frac{cdm-bcn}{ad-bc}+\frac{adn-cdm}{ad-bc} \\ &= n \end{aligned}$$

上の公式を使って，さきに取り上げた連立二元一次方程式の解を計算してみましょう．

$$3x-2y = 4$$
$$2x+5y = 9$$

上の公式を適用して

$$x = \frac{5\times4-(-2)\times9}{3\times5-(-2)\times2} = \frac{20-(-18)}{15-(-4)} = \frac{38}{19} = 2$$

$$y = \frac{3\times9-2\times4}{3\times5-(-2)\times2} = \frac{27-8}{15-(-4)} = \frac{19}{19} = 1$$

練習問題　これまで出てきた連立二元一次方程式の練習問題を解の公式を使って解きなさい．

行列式

連立二元一次方程式の解の公式は

$$ad-bc \neq 0$$

という条件がみたされている場合にのみ成り立ちます．じつは，この条件はたいへん重要な意味をもっています．この条件の意味については，『好きになる数学入門』の第4巻『図形を変換する—線形代数』でくわしくお話しします．また，第4巻では，上の公式をずっとかんたんな方法で導き出しま

す．

このad−bcという値を連立二元一次方程式(1)，(2)の行列式といって，ふつう

$$\varDelta = ad-bc$$

という記号であらわします．［$\varDelta$はギリシア文字で，デルタと発音します．三角洲(さんかくす)をデルタ地域というのは，このギリシア文字$\varDelta$の形からきたものです．］

行列式はつぎのようにも表現されます．

$$\varDelta = \begin{vmatrix} a & b \\ c & d \end{vmatrix} = a\times d-b\times c$$

つまり，ひとつの対角線上の2つの数a, dの積$a\times d$から，その対角線上にない2つの数b, cの積$b\times c$を引いたのが行列式となるわけです．たとえば

$$\begin{vmatrix} 5 & 7 \\ 2 & 6 \end{vmatrix} = 5\times 6-7\times 2 = 30-14 = 16$$

$$\begin{vmatrix} 2 & 5 \\ 4 & 3 \end{vmatrix} = 2\times 3-5\times 4 = 6-20 = -14$$

$$\begin{vmatrix} -3 & 4 \\ -7 & 2 \end{vmatrix} = (-3)\times 2-4\times (-7) = -6-(-28) = 22$$

$$\begin{vmatrix} 1 & 0 \\ 0 & 1 \end{vmatrix} = 1\times 1-0\times 0 = 1$$

$$\begin{vmatrix} 0 & 1 \\ 1 & 0 \end{vmatrix} = 0\times 0-1\times 1 = -1$$

前に出てきた連立二元一次方程式

$$\begin{cases} x+y = 8 \\ x+y = 3 \end{cases}$$

には解が存在しないことをみました．この連立二元一次方程式の行列式$\varDelta$は0となります．

$$a = 1,\quad b = 1,\quad m = 8$$
$$c = 1,\quad d = 1,\quad n = 3$$

$$\varDelta = \begin{vmatrix} 1 & 1 \\ 1 & 1 \end{vmatrix} = 1\times 1-1\times 1 = 0$$

このとき

$$dm-bn = 8-3 = 5 \neq 0,\qquad an-cm = 3-8 = -5 \neq 0$$

もう1つの例をあげてみましょう．

61ページの練習問題の答え

略

$$\begin{cases} x+y=8 \\ 2x+2y=16 \end{cases}$$

$$a=1,\quad b=1,\quad m=8$$

$$c=2,\quad d=2,\quad n=16$$

$$\varDelta = \begin{vmatrix} 1 & 1 \\ 2 & 2 \end{vmatrix} = 1\times2-1\times2=0$$

$$dm-bn=16-16=0,\quad an-cm=16-16=0$$

このときには，2つの方程式のグラフは同じ直線となって，連立二元一次方程式の解が無数に存在することになるわけです．

このように，連立二元一次方程式の解がただ1つ存在するための条件が，行列式が0でないということがわかります．

練習問題　これまで出てきた連立二元一次方程式の練習問題について，行列式を計算しなさい．

クラーメルの公式

行列式を使うと，連立二元一次方程式の解の公式を比較的見やすい形であらわすことができます．これはクラーメルの公式とよばれています．

連立二元一次方程式

(1)　$ax+by=m$

(2)　$cx+dy=n$

の解の公式は

$$x=\frac{dm-bn}{ad-bc},\quad y=\frac{an-cm}{ad-bc}$$

でした．

この解の公式を行列式を使ってあらわしてみましょう．

$$\varDelta = \begin{vmatrix} a & b \\ c & d \end{vmatrix} = ad-bc$$

$$dm-bn = \begin{vmatrix} m & b \\ n & d \end{vmatrix},\quad an-cm = \begin{vmatrix} a & m \\ c & n \end{vmatrix}$$

を連立二元一次方程式の解の公式に代入すれば，つぎのクラーメルの公式が得られます．

$$x = \frac{\begin{vmatrix} m & b \\ n & d \end{vmatrix}}{\begin{vmatrix} a & b \\ c & d \end{vmatrix}}, \quad y = \frac{\begin{vmatrix} a & m \\ c & n \end{vmatrix}}{\begin{vmatrix} a & b \\ c & d \end{vmatrix}}$$

この表現はつぎのように解釈できます．第 1 の未知数 x の値は，行列式 $\begin{vmatrix} a & b \\ c & d \end{vmatrix}$ の第 1 列を $\begin{pmatrix} m \\ n \end{pmatrix}$ で置き換えた行列式 $\begin{vmatrix} m & b \\ n & d \end{vmatrix}$ を，行列式 $\begin{vmatrix} a & b \\ c & d \end{vmatrix}$ で割った数になり，第 2 の未知数 y の値は，行列式 $\begin{vmatrix} a & b \\ c & d \end{vmatrix}$ の第 2 列を $\begin{pmatrix} m \\ n \end{pmatrix}$ で置き換えた行列式 $\begin{vmatrix} a & m \\ c & n \end{vmatrix}$ を，行列式 $\begin{vmatrix} a & b \\ c & d \end{vmatrix}$ で割った数になっています．

クラーメルの公式を使って，さきに取り上げた連立二元一次方程式の解を計算してみましょう．

$$3x-2y = 4$$
$$2x+5y = 9$$

$$x = \frac{\begin{vmatrix} 4 & -2 \\ 9 & 5 \end{vmatrix}}{\begin{vmatrix} 3 & -2 \\ 2 & 5 \end{vmatrix}} = \frac{4\times5-(-2)\times9}{3\times5-(-2)\times2} = \frac{20-(-18)}{15-(-4)} = \frac{38}{19} = 2$$

$$y = \frac{\begin{vmatrix} 3 & 4 \\ 2 & 9 \end{vmatrix}}{\begin{vmatrix} 3 & -2 \\ 2 & 5 \end{vmatrix}} = \frac{3\times9-4\times2}{3\times5-(-2)\times2} = \frac{27-8}{15-(-4)} = \frac{19}{19} = 1$$

練習問題　これまで出てきた連立二元一次方程式の練習問題を，クラーメルの公式を使って解きなさい．

63 ページの練習問題の答え

略

64 ページの練習問題の答え

略

第3章　連立二元一次方程式の解の公式　問　題

問題1　つぎの連立二元一次方程式を解きなさい.

(1) $\begin{cases} \dfrac{3}{5}x+\dfrac{5}{7}y = 19 \\ \dfrac{2}{5}x+\dfrac{4}{7}y = 14 \end{cases}$　　(2) $\begin{cases} 8x+3y = \dfrac{2}{9} \\ 5x-2y = \dfrac{5}{9} \end{cases}$

(3) $\begin{cases} \dfrac{1}{x}+\dfrac{1}{y} = \dfrac{5}{6} \\ \dfrac{3}{x}+\dfrac{4}{y} = \dfrac{17}{6} \end{cases}$　　(4) $\begin{cases} \dfrac{5}{x}+\dfrac{7}{y} = 55 \\ \dfrac{6}{x}-\dfrac{1}{y} = 19 \end{cases}$

(5) $\begin{cases} x+ay = 1 \\ bx+y = 1 \end{cases}$　　(6) $\begin{cases} ax+by = 1 \\ bx-ay = 1 \end{cases}$

(7) $\begin{cases} (a+b)x-(a-b)y = 1 \\ ax+by = 1 \end{cases}$

(8) $\begin{cases} \dfrac{x}{a+b}+\dfrac{y}{a-b} = a \\ x+y = a^2+b^2 \end{cases}$

問題2☆　つぎの連立一次方程式を解きなさい.

(1) $\begin{cases} x+y+z = 10 \\ 2x-3y+4z = -1 \\ -3x+4y-z = 9 \end{cases}$

(2) $\begin{cases} -3x-5y+6z = 8 \\ 4x+9y-z = -6 \\ 2x-7y+3z = 12 \end{cases}$

(3) $\begin{cases} \dfrac{1}{2}x-\dfrac{1}{3}y+\dfrac{1}{6}z = 1 \\ \dfrac{1}{3}x+\dfrac{1}{6}y-\dfrac{1}{2}z = \dfrac{5}{6} \\ \dfrac{1}{6}x-\dfrac{1}{2}y+\dfrac{1}{3}z = -\dfrac{1}{6} \end{cases}$

(4) $\begin{cases} 3x-5y+6z=\dfrac{7}{6} \\ 4x-9y-z=-\dfrac{10}{3} \\ -2x-7y-3z=-2 \end{cases}$

問題 3 ☆　連立二元一次方程式

$$\begin{cases} 3x+2y-4=0 \\ -2x+5y+1=0 \end{cases}$$

の解を通る直線の方程式はつぎのようにあらわされることを証明しなさい．

$$\alpha(3x+2y-4)+\beta(-2x+5y+1)=0$$

ここで，α，β は適当な定数である．

問題 4 ☆　連立二元一次方程式

$$\begin{cases} 3x+2y-4=0 \\ -2x+5y+1=0 \end{cases}$$

の解を通り，$(7,9)$ を通る直線の方程式を求めなさい．

問題 5 ☆　つぎの連立二元一次方程式が与えられている．

$$\begin{cases} 3x+2y-4=0 \\ -2x+5y+1=0 \end{cases}$$

(1)　$(6,-7)$, $(3,1)$ がそれぞれ第 1，第 2 の方程式によってあらわされる直線上にあることを示しなさい．

(2)　上の連立二元一次方程式の解を通り，$(6,-7)$ と $(3,1)$ をむすぶ線分の中点を通る直線の方程式を計算しなさい．

第4章
二次方程式を解く

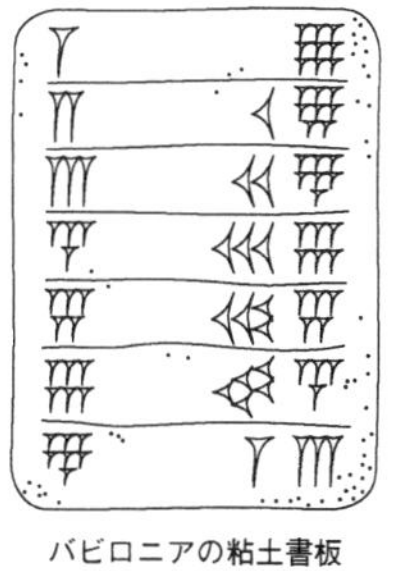
バビロニアの粘土書板

問題　正方形の面積から1辺の長さを引くと14,30となる．正方形の1辺の長さを求めよ．[バビロニア人は60進法を使っていました．14,30＝14×60＋30＝870]

バビロニアの粘土書板(ねんどしょばん)には数多くの二次方程式の問題がのこされています．上の問題はその1つですが，バビロニアの数学者たちはつぎのようなみごとな方法で解いたのでした．

バビロニア人の解法　1の半分をとれ．これは0;30′となる．0;30′に0;30′を掛けると0;15′である．これに14;30を足すと14;30;15′となる．これは29;30′の自乗である．29;30′に0;30′を足せば30となる．これが答えである．じじつ，30×30－30＝15;0－30＝14;30.

[10進法では，$1\times\frac{1}{2}=\frac{30}{60}$，$\frac{30}{60}\times\frac{30}{60}=\frac{15}{60}$，$\frac{15}{60}+870=\left(29+\frac{30}{60}\right)\times\left(29+\frac{30}{60}\right)$，$\left(29+\frac{30}{60}\right)+\frac{30}{60}=30$，$30\times30-30=900-30=870$ となるわけです．]

この問題は，二次方程式の解を求めるという問題になり，上のバビロニア人の解法は現在もよく使われる方法です．もっとも，この粘土書板が解読されるようになったのは最近のことで，1930年，ノイゲバウワーという数学者によるものです．

1

エジプトの問題

メソポタミアとならんで，人類の最初の文明がさかえ，数学が発達したのがエジプトです．メソポタミアでは，もっぱら代数が中心でしたが，エジプトでは，幾何がさかんでした．それは，毎年ナイル河の氾濫(はんらん)によって農地を測量し直さなければならなかったからだといわれています．

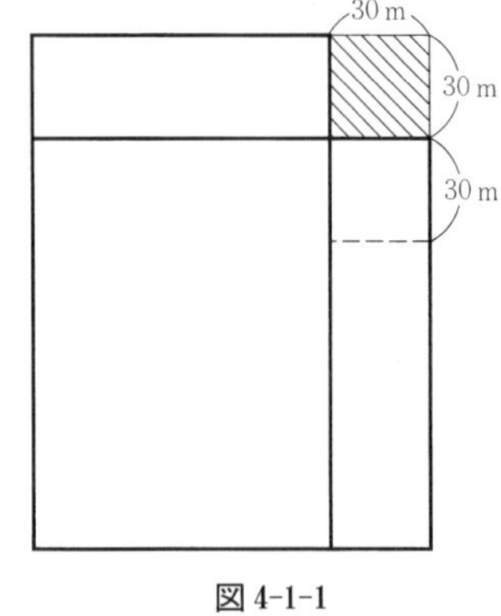

図 4-1-1

例題 1　正方形の畑の 1 辺を 30 m 長くし，他の 1 辺を 30 m 短くしたところ，面積が 13500 m^2 になった．元の畑の 1 辺の長さは何 m だったでしょうか．

解答　斜線を引いた正方形の面積は

$$30 \times 30 = 900 \text{ m}^2$$

長方形の畑に斜線を引いた正方形の部分を加えると，元の正方形と同じ面積になることは，図からすぐわかります．したがって，元の正方形の面積は

$$13500 + 900 = 14400 \text{ m}^2$$

となります．ところが

$$14400 = 120 \times 120 = 120^2$$

だから，元の正方形の 1 辺の長さは 120 m となるわけです．

じじつ，1 辺の長さが 120 m の正方形のタテを 30 m 長くし，ヨコを 30 m 短くした長方形の面積は

$$(120+30) \times (120-30) = 150 \times 90 = 13500 \text{ m}^2$$

例題 1 を方程式を使って解くと，つぎのようになります．正方形の畑の 1 辺の長さを x m とします．タテを 30 m 長くし，ヨコ 30 m 短くすれば，タテ $(x+30)$ m，ヨコ $(x-30)$ m の長方形となり，その面積は

$$(x+30)(x-30)$$

例題 1 は，つぎの方程式を解けばよいことになります．

$$(1) \qquad (x+30)(x-30) = 13500$$

方程式(1)の左辺は普通の数の掛け算と同じようにして計算

できます．

$$
\begin{array}{r}
x\ +30 \\
\times)\ \ x\ -30 \\
\hline
x^2+30x \qquad \\
-30x-900 \\
\hline
x^2 \qquad\quad -900
\end{array}
$$

ここで，x^2 は $x \times x$ を意味します．したがって，方程式(1)は

$$
\begin{aligned}
x^2-900 &= 13500 \\
x^2 &= 13500+900 = 14400 = 120^2 \\
x &= 120
\end{aligned}
$$

じじつ，$x=120$ を方程式(1)の左辺に代入すれば

$$(120+30)(120-30) = 150\times 90 = 13500$$

$$x^2-900 = 13500$$

を二次方程式といいます．元(げん)が x^2 というように自乗になっているからです．

$$x^2+2x+4 = 0$$

のように，x の項があっても x^2 が入っていれば二次方程式です．

今までの方程式を「一次」とよんでいた意味がわかったかな．

練習問題

(1)　正方形の土地の 1 辺を 30 m 長くし，他の 1 辺を 30 m 短くしたら，面積が 2700 m^2 になった．元の正方形の 1 辺の長さを求めなさい．

(2)　正方形の 1 辺を 12 長くし，他の 1 辺を 12 短くしたところ，面積が 880 になった．元の正方形の 1 辺の長さを求めなさい．

例題 2　正方形の 1 辺を 3 長くし，他の 1 辺を 11 長くしたところ，面積が 240 になった．元の正方形の 1 辺の長さを求めなさい．

解答　拡大された長方形からタテの長さ 3，ヨコの長さ 11 の長方形の部分を削除し，1 辺の長さ 7 の正方形を加えると，元の正方形の各辺を 7 だけ長くした正方形を同じ面積となることは図からすぐわかります．したがって，元の正方形の各

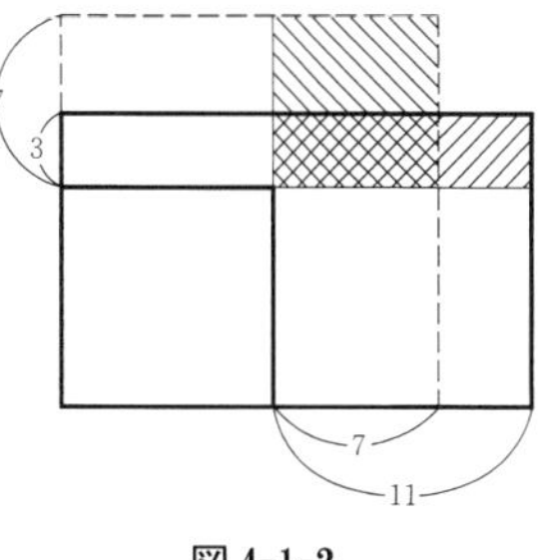

図 4-1-2

辺を7だけ長くした正方形の面積は

$$240-3\times 11+7\times 7 = 256 = 16^2$$

元の正方形の1辺の長さは

$$16-7 = 9$$

となります．

例題2を方程式を使って解いてみます．元の正方形の1辺の長さをxとします．タテを3長くし，ヨコを11長くすれば，タテ$x+3$，ヨコ$x+11$の長方形となり，その面積は

$$(x+3)(x+11)$$

例題2は，つぎの方程式を解けばよいことになります．

(2) $$(x+3)(x+11) = 240$$

方程式(2)の左辺は

$$\begin{array}{rr} & x\ +3 \\ \times) & x\ +11 \\ \hline & x^2+3x\qquad \\ & 11x+33 \\ \hline & x^2+14x+33 \end{array}$$

したがって，方程式(2)は

$$x^2+14x+33 = 240$$
$$x^2+14x-207 = 0$$

という二次方程式になります．

この二次方程式はかんたんに解けそうにありません．そこで，上に説明した図による解き方を式に翻訳してみます．まず

$$x^2+14x+33 = 240$$

の両辺から33を引きます．

$$x^2+14x = 240-33 = 207$$

つぎに，この両辺に$\dfrac{14}{2}=7$の自乗49を加えます．

$$x^2+14x+49 = 207+49 = 256$$

この方程式の左辺は

$$x^2+14x+49 = (x+7)^2$$

ここで，$(x+7)^2$の計算は

$(x+7)^2$という形にするのが目的だったんだね．

69ページの練習問題の答え

(1) 60 m　(2) 32

$$
\begin{array}{rr}
 & x\ +7 \\
\times) & x\ +7 \\
\hline
 & x^2+7x \qquad\quad \\
 & 7x\ +49 \\
\hline
 & x^2+14x+49
\end{array}
$$

したがって

$$
\begin{aligned}
(x+7)^2 &= 256 = 16^2 \\
x+7 &= 16 \\
x &= 9
\end{aligned}
$$

練習問題

(1)　正方形の土地の1辺を15 m長くし，他の1辺を35 m長くしたところ，面積が3500 m^2 になった．元の土地の1辺の長さを求めなさい．

(2)　正方形の1辺を8だけ短くし，他の1辺を4だけ短くしたところ，面積が140になった．元の正方形の1辺の長さを求めなさい．

(3)　正方形の1辺を $\frac{1}{3}$ 単位長くし，他の1辺を $\frac{1}{5}$ 単位長くしたところ，図形の面積が $\frac{8}{15}$ になった．元の正方形の1辺の長さを求めなさい．

例題3　正方形の1辺を10長くし，他の1辺を30短くしたところ，面積が500になった．元の正方形の1辺の長さを求めなさい．

解答　1辺の長さを x とすると，変形された長方形の面積は

$$(x+10)(x-30)$$

となりますから，つぎの方程式を解けばよいわけです．

$$(x+10)(x-30) = 500 \tag{3}$$

この方程式の左辺を計算すると

$$
\begin{array}{rr}
 & x\ +10 \\
\times) & x\ -30 \\
\hline
 & x^2+10x \qquad\quad \\
 & -30x-300 \\
\hline
 & x^2-20x-300
\end{array}
$$

したがって，方程式(3)は

$$x^2-20x-300=500$$
$$x^2-20x=500+300=800$$
$$x^2-20x+100=800+100=900$$
$$(x-10)^2=30^2$$
$$x-10=30$$
$$x=40$$

じじつ，$x=40$ のとき

$(x+10)(x-30)=(40+10)\times(40-30)=50\times10=500$

練習問題

(1) 正方形の土地の1辺を60 m短くし，他の1辺を50 m長くしたとき，面積が57000 m^2 になった．元の土地の1辺の長さを求めなさい．

(2) 正方形の1辺を9だけ短くし，他の1辺を5だけ長くしたところ，面積が480になった．元の正方形の1辺の長さを求めなさい．

2

二次方程式の解き方

第1節の例題2の解き方を使って，一般的な二次方程式の解法を導き出すことができます．

例題1 $x^2-10x+21=0$

解答 この二次方程式の両辺から21を引いて

$$x^2-10x=-21$$

ここで，左辺にある数 b を加えて平方の形にしたいわけです．

$$x^2-10x+b=(x+a)^2$$

右辺の計算はかんたんにできます．

71ページの練習問題の答え

(1) 35 m (2) 18 (3) $\frac{7}{15}$

$$
\begin{array}{r}
x\ +a \\
\times)\ \underline{x\ +a} \\
x^2+ax \\
\underline{ax\ +a^2} \\
x^2+2ax+a^2
\end{array}
$$

$$x^2-10x+b = x^2+2ax+a^2$$

$$-10 = 2a, \quad b = a^2$$

$$a = -5, \quad b = (-5)^2 = 25$$

したがって，上の二次方程式は

$$x^2-10x+25 = -21+25 = 4$$

$$(x-5)^2 = 2^2$$

$$x-5 = 2$$

$$x = 2+5 = 7$$

じじつ，$x=7$ を例題 1 の二次方程式に代入すれば

$$x^2-10x+21 = 7^2-10\times7+21 = 49-70+21 = 0$$

このようにして，$x=7$ が二次方程式の解，あるいは根だということが確認されました.

ところが，例題 1 の二次方程式にはもう 1 つ解があります. それは $x=3$ です. $x=3$ を例題 1 の二次方程式の左辺に代入すると

$$x^2-10x+21 = 3^2-10\times3+21 = 9-30+21 = 0$$

上の計算の途中で，$4=2^2$ だけでなく，$4=(-2)^2$ の場合も考えなければならなかったのです.

$$(x-5)^2 = (-2)^2$$

$$x-5 = -2$$

$$x = -2+5 = 3$$

となるわけです.

例題 1 の二次方程式の根の求め方を整理しておきましょう.

$$x^2-10x+21 = 0$$

両辺から 21 を引いて

$$x^2-10x = -21$$

左辺にある数 b を加えて平方の形にします.

$$x^2-10x+b = (x+a)^2$$

$$x^2-10x+b = x^2+2ax+a^2$$

$$-10 = 2a, \quad b = a^2$$

$$a=-5, \quad b=(-5)^2=25$$
$$x^2-10x+25=-21+25=4$$

したがって,

$$(x-5)^2=2^2 \text{ あるいは } (-2)^2$$
$$x-5=2 \text{ あるいは } -2$$
$$x=7 \text{ あるいは } 3$$

例題 2 $$x^2+8x-153=0$$

解答 両辺に 153 を加えて

$$x^2+8x=153$$

左辺にある数 b を加えて平方の形にします.

$$x^2+8x+b=(x+a)^2$$
$$x^2+8x+b=x^2+2ax+a^2$$
$$8=2a, \quad b=a^2$$
$$a=4, \quad b=4^2=16$$
$$x^2+8x+16=153+16=169$$
$$(x+4)^2=13^2 \text{ あるいは } (-13)^2$$
$$x+4=13 \text{ あるいは } -13$$
$$x=9 \text{ あるいは } -17$$

$x=9$ を例題 2 の二次方程式の左辺に代入すれば

$$x^2+8x-153=9^2+8\times 9-153=81+72-153=0$$

$x=-17$ を例題 2 の二次方程式の左辺に代入すれば

$$\begin{aligned} x^2+8x-153 &= (-17)^2+8\times(-17)-153 \\ &= 289-136-153=0 \end{aligned}$$

練習問題 つぎの二次方程式の根を求めなさい.

(1) $x^2-3x+2=0$　(2) $x^2+7x+12=0$

(3) $x^2-11x-42=0$　(4) $x^2+12x-45=0$

(5) $x^2-25x-84=0$　(6) $x^2+5x-126=0$

例題 3 $$15x^2-16x-7=0$$

解答 両辺を 15 で割ると

$$x^2-\frac{16}{15}x-\frac{7}{15}=0$$

両辺に $\frac{7}{15}$ を加えて

72 ページの練習問題の答え

(1) 250 m　(2) 25

$$x^2-\frac{16}{15}x=\frac{7}{15}$$

左辺にある数 b を加えて平方のかたちにします.

$$x^2-\frac{16}{15}x+b=(x+a)^2$$

$$x^2-\frac{16}{15}x+b=x^2+2ax+a^2$$

$$-\frac{16}{15}=2a, \qquad b=a^2$$

$$a=-\frac{8}{15}, \qquad b=\left(-\frac{8}{15}\right)^2=\frac{64}{225}$$

$$x^2-\frac{16}{15}x+\frac{64}{225}=\frac{7}{15}+\frac{64}{225}=\frac{169}{225}$$

$$\left(x-\frac{8}{15}\right)^2=\left(\frac{13}{15}\right)^2 \quad \text{あるいは} \quad \left(-\frac{13}{15}\right)^2$$

$$x-\frac{8}{15}=\frac{13}{15} \quad \text{あるいは} \quad -\frac{13}{15}$$

$$x=\frac{7}{5} \quad \text{あるいは} \quad -\frac{1}{3}$$

$x=\frac{7}{5}$ を例題 3 の二次方程式の左辺に代入すれば

$$x^2-\frac{16}{15}x-\frac{7}{15}=\left(\frac{7}{5}\right)^2-\frac{16}{15}\times\frac{7}{5}-\frac{7}{15}=\frac{49}{25}-\frac{112}{75}-\frac{7}{15}=0$$

もとの式にも代入して，たしかめてみよう.

$x=-\frac{1}{3}$ を代入すれば

$$x^2-\frac{16}{15}x-\frac{7}{15}=\left(-\frac{1}{3}\right)^2-\frac{16}{15}\times\left(-\frac{1}{3}\right)-\frac{7}{15}$$

$$=\frac{1}{9}+\frac{16}{45}-\frac{7}{15}=0$$

練習問題　つぎの二次方程式の根を求めなさい.

(1)　$4x^2-13x+3=0$　　(2)　$3x^2+22x+7=0$

(3)　$3x^2-7x-10=0$　　(4)　$12x^2+5x-2=0$

(5)　$7x^2-3x-4=0$　　(6)　$19x^2+17x-2=0$

3

二次方程式を因数分解で解く

二次方程式によっては，これまでお話ししたような複雑な方法を使わないで，かんたんに解ける場合があります．

例題 1　　$x^2-5x+6=0$

解答　いまかりに，この方程式の左辺がつぎのようにあらわすことができたとします．

$$x^2-5x+6=(x-a)(x-b)$$

このとき，与えられた二次方程式は

$$(x-a)(x-b)=0$$

となります．したがって

$$x-a=0 \quad \text{あるいは} \quad x-b=0$$

$$x=a \quad \text{あるいは} \quad x=b$$

すなわち，上の二次方程式の根は a, b となるわけです．

$(x-a)(x-b)$をじっさいに計算します．

$$\begin{array}{rrr} & x & -a \\ \times) & x & -b \\ \hline & x^2 & -ax \\ & & -bx \quad +ab \\ \hline & x^2 & -(a+b)x+ab \end{array}$$

$$(x-a)(x-b)=x^2-(a+b)x+ab$$

上の二次方程式の場合については

$$x^2-(a+b)x+ab=x^2-5x+6$$

となるような a, b を求めればよいわけです．

$$a+b=5, \quad ab=6$$

このような a, b はすぐみつかります．

$$a=2, \quad b=3$$

$$x^2-5x+6=(x-2)(x-3)$$

このような表現を因数分解といいます．上の二次方程式の根は 2, 3 となるわけです．

じじつ，$x=2, 3$ を上の二次方程式の左辺に代入すれば

74 ページの練習問題の答え

(1)　$x=1$　あるいは　2
(2)　$x=-3$　あるいは　-4
(3)　$x=14$　あるいは　-3
(4)　$x=-15$　あるいは　3
(5)　$x=28$　あるいは　-3
(6)　$x=9$　あるいは　-14

75 ページの練習問題の答え

(1)　$x=\frac{1}{4}$　あるいは　3
(2)　$x=-\frac{1}{3}$　あるいは　-7
(3)　$x=\frac{10}{3}$　あるいは　-1
(4)　$x=\frac{1}{4}$　あるいは　$-\frac{2}{3}$
(5)　$x=1$　あるいは　$-\frac{4}{7}$
(6)　$x=-1$　あるいは　$\frac{2}{19}$

$$2^2-5\times 2+6=4-10+6=0$$
$$3^2-5\times 3+6=9-15+6=0$$

例題 2 $x^2+12x+35=0$

解答 つぎの関係をみたすような a, b を求めればよいわけです.

$$x^2-(a+b)x+ab=x^2+12x+35$$
$$a+b=-12, \quad ab=35$$
$$a=-5, \quad b=-7$$

じじつ, $x=-5, -7$ を上の二次方程式の左辺に代入すれば

$$(-5)^2+12\times(-5)+35=25-60+35=0$$
$$(-7)^2+12\times(-7)+35=49-84+35=0$$

例題 3 $x^2+3x-28=0$

解答 つぎの関係をみたすような a, b を求めればよいわけです.

$$x^2-(a+b)x+ab=x^2+3x-28$$
$$a+b=-3, \quad ab=-28$$
$$a=4, \quad b=-7$$

じじつ, $x=4, -7$ を上の二次方程式の左辺に代入すれば

$$4^2+3\times 4-28=16+12-28=0$$
$$(-7)^2+3\times(-7)-28=49-21-28=0$$

練習問題 つぎの二次方程式を因数分解によって解きなさい.

(1) $x^2+17x-60=0$　　(2) $x^2-25x-150=0$

(3) $x^2-\frac{7}{12}x+\frac{1}{12}=0$　　(4) $x^2+\frac{1}{6}x-\frac{1}{6}=0$

(5) $-x^2+6x+7=0$　　(6) $-x^2+4x-4=0$

第4章　二次方程式を解く　問　題

問題1　正方形の形をした土地がある．2つの辺の長さをそれぞれ30 m, 25 m短くしたところ，面積が$\frac{2}{3}$になったという．元の正方形の1辺の長さを求めよ．

問題2☆　周囲の長さが一定であるような長方形の面積が最大になるのは正方形の場合である．このことを証明せよ．

問題3☆　面積が一定であるような長方形の周囲の長さが最小になるのは正方形の場合である．このことを証明せよ．

問題4☆　つぎの連立二元方程式の解を求めよ．

(1)　$\begin{cases} 3x+y=14 \\ 2x^2-xy+3y^2=78 \end{cases}$

(2)　$\begin{cases} x-7y=1 \\ x^2-3xy-5y^2=115 \end{cases}$

問題5☆　$x+y=12$をみたすx, yのなかで

$$x^2-xy+y^2$$

を最小にするような値を求めよ．

問題6☆　$2x+3y=24$をみたすx, yのなかで

$$x^2+xy+y^2$$

を最小にするような値を求めよ．

77ページの練習問題の答え

(1)　$x=3$　あるいは　-20

(2)　$x=30$　あるいは　-5

(3)　$x=\frac{1}{3}$　あるいは　$\frac{1}{4}$

(4)　$x=\frac{1}{3}$　あるいは　$-\frac{1}{2}$

(5)　$x=7$　あるいは　-1

(6)　$x=2$

第5章
因数分解

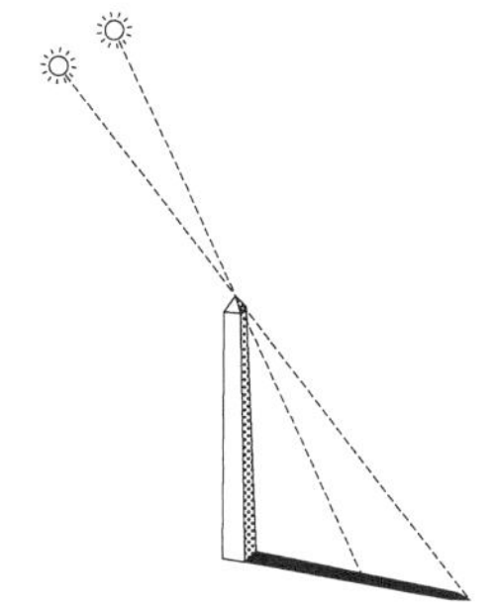

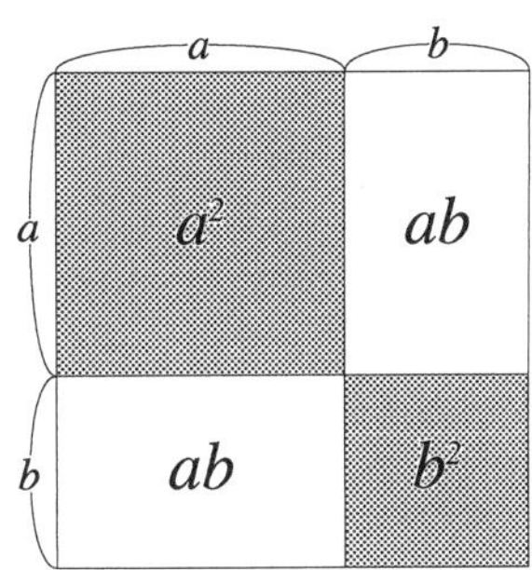

バビロニア人の因数分解

因数分解の考え方を最初に思いついたのはバビロニア人でしたが，当時アラビア数字もまだなく，式をあらわすのに図形を使っていました．上の図は，バビロニアの数学者たちがよく使っていた因数分解の公式をかんたんにしたものです．この図形からつぎの因数分解が成り立つことがすぐわかると思います．

$$(a+b)^2 = a^2+2ab+b^2$$

この図をヒントとして，つぎの因数分解の公式を図形を使って証明しなさい．

$$(a-b)^2 = a^2-2ab+b^2$$
$$(a+b)(a-b) = a^2-b^2$$

バビロニア人の考え方は，のちにギリシアの数学者たちによって，華麗なグノモンの定理として，ユークリッド幾何の基本的な定理として展開されることになります．グノモンというのは，古代エジプト，ギリシア，さらに中国に数多くつくられた簡易天文台です．まっすぐ垂直に立てられた柱と地上に水平におかれ，正確にめもりをつけられた台から成り立っていて，太陽の運行をくわしく分析できるようになっています．中国では圭表とよんでいました．

1

因数分解の公式

因数分解は与えられた式をかんたんな式の積の形にあらわすことをいいます.

$$x^2-5x+6=(x-2)(x-3)$$
$$x^2+6x+9=(x-3)^2$$

因数分解は，英語で Factoring，あるいは Factorization といいます．Factor は要素とか，因数と訳されています．因数分解というのは，複雑なものをかんたんな要素に分解することを意味しているわけです.

第 4 章では，つぎの展開式を使って，二次方程式を解きました.

$$(x-a)(x-b)=x^2-(a+b)x+ab$$

この展開式で，$-a$ を a，$-b$ を b で置き換えると

$$(x+a)(x+b)=x^2+(a+b)x+ab$$

また，$b=a$ の場合を考えると

$$(x-a)^2=x^2-2ax+a^2$$
$$(x+a)^2=x^2+2ax+a^2$$

また，$b=-a$ の場合を考えると

$$(x+a)(x-a)=x^2-a^2$$

これらの展開式の左辺と右辺を入れ換えて，つぎの因数分解の公式を導き出すことができます.

$$x^2-(a+b)x+ab=(x-a)(x-b)$$
$$x^2+(a+b)x+ab=(x+a)(x+b)$$
$$x^2-2ax+a^2=(x-a)^2$$
$$x^2+2ax+a^2=(x+a)^2$$
$$x^2-a^2=(x+a)(x-a)$$

例題 1　つぎの式を因数分解しなさい.

(1)　$x^2+9x+14$　　　(2)　$x^2+16x-80$

解答

(1)　$a+b=9$，$ab=14$ となるような a, b を求めると

$$a = 2, \quad b = 7$$
$$x^2+9x+14 = (x+2)(x+7)$$
(2)　$a+b=16$, $ab=-80$ となるような a, b を求めると
$$a = 20, \quad b = -4$$
$$x^2+16x-80 = (x+20)(x-4)$$

練習問題　つぎの各式を因数分解しなさい．

(1)　$x^2+18x+81$　　(2)　$x^2-12x+36$
(3)　$-x^2+24x-144$　　(4)　$x^2+17x+60$
(5)　$x^2-12x-64$　　(6)　$x^2-5x-300$
(7)　x^2-169　　(8)　x^2-25
(9)　$-x^2-15x+324$　　(10)　$-3x^2+18x-15$
(11)　$6x^2+17x+12$　　(12)　$20x^2+23x-21$

上の練習問題のなかで，(9), (10)はそれぞれ，-1, -3 で割って，x^2 の係数を1にすれば，因数分解の公式を適用することができます．問題(11), (12)は，つぎの因数分解の公式を適用するわけですが，多少工夫が要ります．
$$acx^2+(ad+bc)x+bd = (ax+b)(cx+d)$$

因数分解の公式は，つぎのような記号を使ってあらわされることもあります．
$$a^2+2ab+b^2 = (a+b)^2$$
$$a^2-2ab+b^2 = (a-b)^2$$
$$a^2-b^2 = (a+b)(a-b)$$

例題 2　つぎの式を因数分解しなさい．

(1)　$9a^2+30ab+25b^2$　　(2)　$20a^2-45b^2$

解答

(1)　$9a^2+30ab+25b^2 = (3a)^2+2\times 3a\times 5b+(5b)^2$
$$= (3a+5b)^2$$
(2)　$20a^2-45b^2 = 5(4a^2-9b^2) = 5(2a+3b)(2a-3b)$

練習問題　つぎの各式を因数分解しなさい．

(1)　$4a^2-28ab+49b^2$　　(2)　$-6a^2+12ab-6b^2$
(3)　$3a^2-30ab+75b^2$　　(4)　$16a^2-9b^2$

(5)　a^4-b^4　　　　(6)　$3a^4+12b^4$

二項展開の公式

つぎの展開式は，二項展開の公式とよばれています．

$$(a+b)^2 = a^2+2ab+b^2$$
$$(a-b)^2 = a^2-2ab+b^2$$

二項展開の公式の計算を復習しておきましょう．

$$\begin{array}{rrr} & a & +b \\ \times) & a & +b \\ \hline & a^2 & +ab \\ & & ab \quad +b^2 \\ \hline & a^2 & +2ab+b^2 \end{array}$$

この計算は，a, b の係数だけに注目すれば，つぎのようにかんたんにできます．

$$\begin{array}{r} 1+1 \\ 1+1 \\ \hline 1+2+1 \end{array}$$

同じようにして，3 次および 4 次の二項展開を計算することができます．

$$(a+b)^3 = a^3+3a^2b+3ab^2+b^3$$

$$\begin{array}{r} 1+2+1 \\ 1+2+1 \\ \hline 1+3+3+1 \end{array}$$

$$(a+b)^4 = a^4+4a^3b+6a^2b^2+4ab^3+b^4$$

$$\begin{array}{r} 1+3+3+1 \\ 1+3+3+1 \\ \hline 1+4+6+4+1 \end{array}$$

上の二項展開の公式を変形して，つぎの公式を求めることができます．

$$(a-b)^2 = a^2-2ab+b^2$$
$$(a-b)^3 = a^3-3a^2b+3ab^2-b^3$$
$$(a-b)^4 = a^4-4a^3b+6a^2b^2-4ab^3+b^4$$

練習問題　五次，六次，七次，八次の二項展開を計算しなさい．

81 ページの練習問題(上)の答え

(1)　$(x+9)^2$　　(2)　$(x-6)^2$
(3)　$-(x-12)^2$
(4)　$(x+5)(x+12)$
(5)　$(x+4)(x-16)$
(6)　$(x+15)(x-20)$
(7)　$(x+13)(x-13)$
(8)　$(x+5)(x-5)$
(9)　$-(x-12)(x+27)$
(10)　$-3(x-1)(x-5)$
(11)　$(2x+3)(3x+4)$
(12)　$(4x+7)(5x-3)$

81 ページの練習問題(下)の答え

(1)　$(2a-7b)^2$　　(2)　$-6(a-b)^2$
(3)　$3(a-5b)^2$
(4)　$(4a+3b)(4a-3b)$
(5)　$(a+b)(a-b)(a^2+b^2)$
(6)　$3(a^2+2b^2+2ab)(a^2+2b^2-2ab)$

例題 1　a^3+b^3 を因数分解しなさい．

解答　3 次の二項展開を使います．

$$(a+b)^3 = a^3+3a^2b+3ab^2+b^3 = a^3+3ab(a+b)+b^3$$

$$\begin{aligned} a^3+b^3 &= (a+b)^3-3ab(a+b) = (a+b)\{(a+b)^2-3ab\} \\ &= (a+b)\{(a^2+2ab+b^2)-3ab\} \\ &= (a+b)(a^2-ab+b^2) \end{aligned}$$

この因数分解は公式としてよく使います．

$$a^3+b^3 = (a+b)(a^2-ab+b^2)$$

ここで，b を $-b$ で置き換えれば

$$a^3-b^3 = (a-b)(a^2+ab+b^2)$$

練習問題　つぎの各式を因数分解しなさい．

(1)　$27a^3+8b^3$　　(2)　$\dfrac{1}{8}a^3-\dfrac{1}{27}b^3$

(3)　$40a^3-135b^3$　　(4)　$4a^3+\dfrac{1}{2}b^3$

(5)　$125x^3+27y^3$　　(6)　$27x^3-\dfrac{1}{8}y^3$

例題 2　$a^3+b^3+c^3-3abc$ を因数分解しなさい．

解答　3 次の二項展開と例題 1 の因数分解を使います．

$$\begin{aligned} a^3+b^3+c^3-3abc &= (a^3+b^3)+c^3-3abc \\ &= (a+b)^3-3ab(a+b)+c^3-3abc \\ &= \{(a+b)^3+c^3\}-\{3ab(a+b)+3abc\} \\ &= \{(a+b)+c\}\{(a+b)^2-(a+b)c+c^2\} \\ &\quad -3ab\{(a+b)+c\} \\ &= (a+b+c)\{(a^2+2ab+b^2) \\ &\quad -(a+b)c+c^2\}-3ab(a+b+c) \\ &= (a+b+c)\{(a^2+2ab+b^2) \\ &\quad -(a+b)c+c^2-3ab\} \\ &= (a+b+c)(a^2+b^2+c^2-ab-bc-ca) \end{aligned}$$

この因数分解もよく引用されます．

$$a^3+b^3+c^3-3abc = (a+b+c)(a^2+b^2+c^2-ab-bc-ca)$$

例題 3　$a^4+a^2b^2+b^4$ を因数分解しなさい.

解答　2次の二項展開を使います.

$$
\begin{aligned}
a^4+a^2b^2+b^4 &= a^4+2a^2b^2+b^4-a^2b^2 = (a^2+b^2)^2-(ab)^2 \\
&= \{(a^2+b^2)+ab\}\{(a^2+b^2)-ab\} \\
&= (a^2+ab+b^2)(a^2-ab+b^2)
\end{aligned}
$$

練習問題　つぎの各式を因数分解しなさい.

(1)　$a^3+b^3-c^3+3abc$　　(2)　$a^3-b^3-c^3-3abc$

(3)　$a^4-3a^2b^2+b^4$　　(4)　$4x^4+11x^2y^2+25y^4$

82 ページの練習問題の答え

五次　$a^5+5a^4b+10a^3b^2+10a^2b^3+5ab^4+b^5$

六次　$a^6+6a^5b+15a^4b^2+20a^3b^3+15a^2b^4+6ab^5+b^6$

七次　$a^7+7a^6b+21a^5b^2+35a^4b^3+35a^3b^4+21a^2b^5+7ab^6+b^7$

八次　$a^8+8a^7b+28a^6b^2+56a^5b^3+70a^4b^4+56a^3b^5+28a^2b^6+8ab^7+b^8$

83 ページの練習問題の答え

(1)　$(3a+2b)(9a^2-6ab+4b^2)$

(2)　$\left(\frac{1}{2}a-\frac{1}{3}b\right)\left(\frac{1}{4}a^2+\frac{1}{6}ab+\frac{1}{9}b^2\right)$

(3)　$5(2a-3b)(4a^2+6ab+9b^2)$

(4)　$4\left(a+\frac{1}{2}b\right)\left(a^2-\frac{1}{2}ab+\frac{1}{4}b^2\right)$

(5)　$(5x+3y)(25x^2-15xy+9y^2)$

(6)　$\left(3x-\frac{1}{2}y\right)\left(9x^2+\frac{3}{2}xy+\frac{1}{4}y^2\right)$

第5章　因数分解を解く　問　題

問題1　つぎの各式を因数分解せよ.

（1）　$x^2-\frac{2}{3}xy-\frac{8}{3}y^2$　　　（2）　$x^2+\frac{49}{15}xy-\frac{22}{15}y^2$

（3）　$x^2+\frac{23}{28}xy-\frac{15}{28}y^2$　　　（4）　$x^2-\frac{6}{5}xy+\frac{9}{25}y^2$

（5）　$(a+b)^2-c^2$　　　（6）　$(a+b)^2+(a+b)c$

（7）　a^2+ca-b^2-cb　　　（8）　$a^2b^2-a^2-b^2+1$

（9）　$2ab+c^2-a^2-b^2$　　　（10）　$(a^2+b^2)^2-4a^2b^2$

（11）　$a^4-7a^2b^2+b^4$　　　（12）　$a^4-10a^2b^2+9b^4$

問題2☆　つぎの各式を因数分解せよ.

（1）　$1-ax-by+abxy$

（2）　$x^3+(1+a)x^2+(a+b)x+ab$

（3）　$x^3+(a-1)x^2+(a+1)x+a^2-1$

（4）　$a^2+b^2+c^2+2ab+2bc+2ca$

（5）　$6a^2+6b^2+c^2+13ab+5bc+5ca$

（6）　$2b^2c^2+2c^2a^2+2a^2b^2-a^4-b^4-c^4$

（7）　$x^4+4x^3+6x^2+4x+1$

（8）　x^3-7x+6

（9）　$x^3-6x^2+11x-6$

（10）　$x^3-x^2-14x+24$

（11）　$x^4-10x^3+35x^2-50x+24$

（12）　$x^4+5x^3+x^2-21x-18$

84ページの練習問題の答え

(1)　$(a+b-c)(a^2+b^2+c^2-ab+bc+ca)$

(2)　$(a-b-c)(a^2+b^2+c^2+ab-bc+ca)$

(3)　$(a^2-ab-b^2)(a^2+ab-b^2)$

(4)　$(2x^2-3xy+5y^2)(2x^2+3xy+5y^2)$

第6章
平方根と無理数

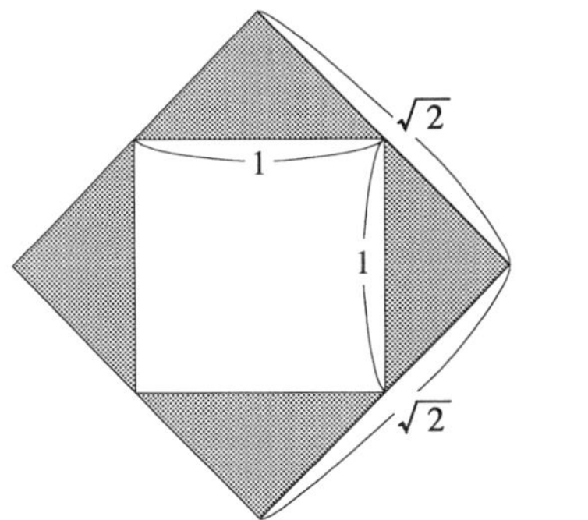

正方形の土地の面積を2倍にする

メソポタミアのチグリスとユーフラテスの2つの大河やエジプトのナイル河は毎年規則的に洪水をおこし，そのたびに農地の測量をやらなければなりませんでした．そのため，代数でも，幾何でも，農地の測量にかんする問題が数多く残っています．

なかでも有名なのは，与えられた正方形の土地の2倍の面積をもつ正方形の土地の1辺の長さを計算せよという問題です．与えられた正方形の1辺の長さを1とすれば，つぎの二次方程式の根xを求めればよいわけです．

$$x^2 = 2$$

バビロニアの数学者たちは，上のような図形を使って，この問題を解いたのですが，このxの値をじっさいに計算するのはなかなかむずかしい問題です．バビロニアの数学者たちは苦労した結果，$\sqrt{2}$ のすばらしい計算法を考えついたのでした．17世紀になって，ニュートンが思いついた近似法はまったく同じ考え方にもとづいています．

1

バビロニア人による$\sqrt{2}$の計算法

バビロニアの数学者たちが考え出した2の平方根$\sqrt{2}$の計算法をくわしく説明することにしたいと思います.

バビロニアの問題　与えられた正方形の2倍の面積をもつ正方形の1辺の長さを計算せよ.

与えられた正方形の1辺の長さを1として計算すればよい. 2倍の面積をもつ正方形の1辺の長さをxとおけば，つぎの二次方程式が成立します.

$$x^2 = 2$$

自乗して2となるような数を2の平方根といって，$\sqrt{2}$という記号を使ってあらわします.

$$\left(\sqrt{2}\right)^2 = 2$$

です. ところが，自乗して2になるような数xはなかなかみつかりません.

$$1.41^2 = 1.9881, \quad 1.412^2 = 1.993744, \quad 1.414^2 = 1.999396,$$
$$1.4142^2 = 1.99996164, \quad 1.41421^2 = 1.9999899241,$$
$$1.414213^2 = 1.999998409369$$

このように，x=1.41421356237… とどこまでもつづく小数になってしまいます. x^2がかぎりなく2に近づくようにすることができますが，x^2がちょうど2に等しくなるような数xをみつけることはできません.

もし，xが小数ではなく，分数の形$x=\dfrac{p}{q}$をしているとしたら

$$x^2 = 2$$

になるような数xをみつけることができると思うかもしれません. じつは，分数の形をしていても，自乗して2になるような数は存在しません. このことは，バビロニアやエジプトの数学者たちはよく知っていたと思われますが，最初に証明したのは，ギリシアの数学者でした. ここでは，ユークリ

ッドの証明を紹介しておきましょう．ユークリッドは，紀元前4世紀から3世紀にかけて，アレキサンドリアの大学で教えていたギリシアの数学者です．『原本』というすぐれた書物の著者として知られています．『好きになる数学入門』の第2巻『図形を考える—幾何』もユークリッドの『原本』をもとにして書いたものです．これからお話しするユークリッドの証明は，『原本』の証明を少し変えたものです．

ユークリッドの定理☆　自乗して2になるような分数は存在しない．

証明　もしかりに，自乗して2になるような分数 $\dfrac{p}{q}$ があったとします．

$$\left(\frac{p}{q}\right)^2 = 2$$

この式の両辺に q^2 を掛ければ

$$p^2 = 2q^2$$

とします．このとき，p と q はお互いに素(そ)であると仮定してもかまいません．

p と q がお互いに素であるというのは，1以外に共通の約数をもたないことをいいます．p と q の共通の約数を公約数といい，p と q の公約数のなかで，もっとも大きいのが最大公約数です．p と q の最大公約数を m とすれば

$$p = mp', \quad q = mq'$$

となるような数 p', q' が存在します．m が p と q 両方の約数だからです．

しかも，m が p と q の最大公約数のときには，p' と q' はお互いに素となります．もしかりに，p' と q' がお互いに素でないとすると，1以外の公約数 n をもつことになって

$$p' = np'', \quad q' = nq''$$

となるような2つの数 p'', q'' が存在するはずです．したがって

$$p = mnp'', \quad q = mnq''$$

となりますから，mn も p と q の公約数になります．しかも，n は1より大きい数ですから

$$mn > m$$

したがって，m が p と q の最大公約数だという最初の仮定

と矛盾(むじゅん)します．つまり，p' と q' が 1 以外の公約数をもつという仮定はみたされないことを意味します．p' と q' はお互いに素となり

$$\frac{p}{q}=\frac{mp'}{mq'}=\frac{p'}{q'}$$

となります．したがって，最初から，p と q はお互いに素であるとして，議論を進めてもよいわけです．

さて

$$p^2 = 2q^2$$

という関係を考えてみましょう．p^2 は $2q^2$ なので 2 で割り切れますから，p 自身が 2 で割り切れなければなりません．つまり

$$p = 2p''$$

となるような p'' が存在するはずです．

$$(2p'')^2 = 2q^2$$
$$4p''^2 = 2q^2$$
$$2p''^2 = q^2$$

となり，q もまた 2 で割り切れます．p と q が 2 という 1 以外の公約数をもつことになり，お互いに素であるという最初の仮定と矛盾します．したがって

$$\left(\frac{p}{q}\right)^2 = 2$$

となるような分数 $\frac{p}{q}$ が存在するということはありえないわけです．　Q. E. D.

無理数

小数や分数の形であらわせる数は有理数といいます．

2 の平方根 $\sqrt{2}$ のように，小数あるいは分数の形であらわすことができないような数を無理数といいます．

練習問題　つぎの平方根が無理数となることを証明しなさい．
$\sqrt{5}$，　$\sqrt{6}$，　$\sqrt{7}$，　$\sqrt{8}$，　$\sqrt{10}$

バビロニア人による $\sqrt{2}$ の計算法

バビロニアの粘土書板には，バビロニア人が計算した $\sqrt{2}$

の値が記録されています．もちろん 60 進法の数字で書かれていますが，10 進法で表現すれば，約 1.414222 になります．真の値との誤差は 0.000008 以下です．

バビロニア人は，どのようにして $\sqrt{2}$ を計算したのでしょうか．他の粘土書板に残されている記録からもわかるように，つぎのような計算法を使ったのです．

まず，$\sqrt{2}$ の近似値として 1.5 をとり

$$\frac{2}{1.5} = 1.3333333333$$

を計算します．つぎに平均をとって

$$\frac{1.5 + 1.3333333333}{2} = 1.4166666666$$

を計算します．もう一度これで 2 を割ってみます．

$$\frac{2}{1.4166666666} = 1.4117647059$$

さらに

$$\frac{1.4166666666 + 1.4117647059}{2} = 1.4142156863$$

を求め，同じ操作を繰り返します．

$$\frac{2}{1.4142156863} = 1.4142114384$$

$$\frac{1.4142156863 + 1.4142114384}{2} = 1.4142135624$$

$$\frac{2}{1.4142135624} = 1.4142135623$$

$$\frac{1.4142135624 + 1.4142135623}{2} = 1.4142135624$$

この値 $\sqrt{2} \fallingdotseq 1.4142135624$ が，バビロニア人の計算した近似値です．もっとも，バビロニア人は 60 進法を使って計算したので，わずかですが誤差が出ています．じつは上の計算は，60 進法を使うとおどろくほどかんたんです．60 は 2, 3, 4, 5 などで割り切れるからです．

バビロニア人が使った平方根の計算法はたくみな方法でした．代数の表現を用いれば，つぎのようになります．

正数 a の平方根 $\sqrt{a}$ を計算します．まず，適当な数 a_1 を $\sqrt{a}$ の第 1 近似として選び，第 2 近似 b_1 をつぎのようにし

て求めます.

$$b_1 = \frac{a}{a_1}$$

$$a_2 = \frac{a_1+b_1}{2}, \qquad b_2 = \frac{a}{a_2}$$

によって $a_2, b_2, \cdots$ を求めます．この操作を何回も繰り返すことによって，かぎりなく $\sqrt{a}$ の値に近づくことができるわけです.

この計算法はニュートンの近似計算法として，現在もよく使われています.

練習問題　バビロニア人の計算法を使って，つぎの平方根の近似値を求めなさい.(適当な初期値から出発して，第3ステップまで計算しなさい.)

$$\sqrt{3}, \quad \sqrt{5}, \quad \sqrt{6}, \quad \sqrt{7}, \quad \sqrt{8}$$

2

無理数の演算

$\sqrt{2}$ という無理数は，二次方程式

$$x^2 = 2$$

の根として導入しました．じつは，この二次方程式の根は，正数 $\sqrt{2}$ の他に，負数の $-\sqrt{2}$ があります.

$$\left(\sqrt{2}\right)^2 = \left(-\sqrt{2}\right)^2 = 2$$

上の二次方程式はつぎのように変形されます.

$$x^2-2 = 0$$

この式の左辺を因数分解すれば

$$x^2-2 = x^2-\left(\sqrt{2}\right)^2 = \left(x-\sqrt{2}\right)\left(x+\sqrt{2}\right)$$

$$\left(x-\sqrt{2}\right)\left(x+\sqrt{2}\right) = 0$$

$$x = \sqrt{2} \quad \text{または} \quad -\sqrt{2}$$

90 ページの練習問題の答え

略

練習問題　つぎの二次方程式を因数分解を使って解きなさい.

（1） $x^2-3=0$　　（2） $x^2-4=0$

（3） $x^2-5=0$　　（4） $x^2-6=0$

（5） $x^2-12=0$　　（6） $x^2-18=0$

（7） $x^2-\dfrac{5}{4}=0$　　（8） $x^2-\dfrac{16}{3}=0$

（9） $x^2-\dfrac{4}{3}=0$　　（10） $x^2-3.6=0$

無理数の演算

上の計算に出てきたように，2つの無理数の掛け算は，有理数の場合と同じように計算することができます．

$$\sqrt{2}\times\sqrt{3}=\sqrt{2\times3}=\sqrt{6}$$
$$\sqrt{6}\times\sqrt{3}=\sqrt{6\times3}=\sqrt{3^2\times2}=\sqrt{3^2}\times\sqrt{2}=3\sqrt{2}$$
$$\sqrt{75}\times\sqrt{20}=\sqrt{75\times20}=\sqrt{3\times5^2\times2^2\times5}=2\times5\times\sqrt{3\times5}=10\sqrt{15}$$

練習問題　つぎの計算をしなさい．

$\sqrt{5}\times\sqrt{15}$,　$\sqrt{15}\times\sqrt{12}$,　$\sqrt{32}\times\sqrt{60}$

無理数の割り算もまったく同じように計算できます．

$$\sqrt{2}\div\sqrt{3}=\frac{\sqrt{2}}{\sqrt{3}}=\frac{\sqrt{2}\times\sqrt{3}}{\sqrt{3}\times\sqrt{3}}=\frac{\sqrt{6}}{3}$$
$$\sqrt{6}\div\sqrt{3}=\sqrt{6\div3}=\sqrt{2}$$
$$\sqrt{75}\div\sqrt{20}=\sqrt{75\div20}=\sqrt{\frac{3\times5^2}{2^2\times5}}=\sqrt{\frac{3\times5}{2^2}}=\frac{\sqrt{15}}{2}$$

分母分子に $\sqrt{3}$ を掛けるのは，分母を有理数にするためです．

練習問題　つぎの計算をしなさい．

$\sqrt{5}\div\sqrt{15}$,　$\sqrt{15}\div\sqrt{12}$,　$\sqrt{32}\div\sqrt{60}$

無理数の有理化

無理数を分母にもつような場合，つぎのようにして分母が有理数となるような分数の形に変えることができます．

$$\frac{1}{\sqrt{3}+\sqrt{2}}=\frac{\sqrt{3}-\sqrt{2}}{(\sqrt{3}+\sqrt{2})\times(\sqrt{3}-\sqrt{2})}=\frac{\sqrt{3}-\sqrt{2}}{\left(\sqrt{3}\right)^2-\left(\sqrt{2}\right)^2}$$

$$=\frac{\sqrt{3}-\sqrt{2}}{3-2}=\sqrt{3}-\sqrt{2}$$

$$\frac{1}{\sqrt{5}-\sqrt{2}}=\frac{\sqrt{5}+\sqrt{2}}{\left(\sqrt{5}-\sqrt{2}\right)\times\left(\sqrt{5}+\sqrt{2}\right)}=\frac{\sqrt{5}+\sqrt{2}}{\left(\sqrt{5}\right)^2-\left(\sqrt{2}\right)^2}$$

$$=\frac{\sqrt{5}+\sqrt{2}}{5-2}=\frac{\sqrt{5}+\sqrt{2}}{3}$$

$$\frac{1}{\sqrt{6}+\sqrt{3}+\sqrt{2}}=\frac{\sqrt{6}+\sqrt{3}-\sqrt{2}}{\left\{\left(\sqrt{6}+\sqrt{3}\right)+\sqrt{2}\right\}\left\{\left(\sqrt{6}+\sqrt{3}\right)-\sqrt{2}\right\}}$$

$$=\frac{\sqrt{6}+\sqrt{3}-\sqrt{2}}{\left(\sqrt{6}+\sqrt{3}\right)^2-\left(\sqrt{2}\right)^2}$$

$$=\frac{\sqrt{6}+\sqrt{3}-\sqrt{2}}{\left(6+2\sqrt{18}+3\right)-2}=\frac{\sqrt{6}+\sqrt{3}-\sqrt{2}}{6\sqrt{2}+7}$$

$$=\frac{\left(\sqrt{6}+\sqrt{3}-\sqrt{2}\right)\left(6\sqrt{2}-7\right)}{\left(6\sqrt{2}+7\right)\left(6\sqrt{2}-7\right)}$$

$$=\frac{6\sqrt{12}+6\sqrt{6}-12-7\sqrt{6}-7\sqrt{3}+7\sqrt{2}}{6\times6\times2-7\times7}$$

$$=\frac{-\sqrt{6}+5\sqrt{3}+7\sqrt{2}-12}{23}$$

練習問題　つぎの分数を有理化しなさい．

$$\frac{1}{\sqrt{18}+\sqrt{6}},\quad \frac{1}{\sqrt{24}-\sqrt{15}},\quad \frac{1}{\sqrt{7}+\sqrt{5}+\sqrt{3}}$$

$$\frac{1}{\sqrt{15}+\sqrt{5}+\sqrt{3}}$$

92ページの練習問題(上)の答え

略

92ページの練習問題(下)の答え

(1)　$x=\sqrt{3}$　あるいは　$-\sqrt{3}$
(2)　$x=2$　あるいは　-2
(3)　$x=\sqrt{5}$　あるいは　$-\sqrt{5}$
(4)　$x=\sqrt{6}$　あるいは　$-\sqrt{6}$
(5)　$x=2\sqrt{3}$　あるいは　$-2\sqrt{3}$
(6)　$x=3\sqrt{2}$　あるいは　$-3\sqrt{2}$
(7)　$x=\frac{\sqrt{5}}{2}$　あるいは　$-\frac{\sqrt{5}}{2}$
(8)　$x=\frac{4\sqrt{3}}{3}$　あるいは　$-\frac{4\sqrt{3}}{3}$
(9)　$x=\frac{2\sqrt{3}}{3}$　あるいは　$-\frac{2\sqrt{3}}{3}$
(10)　$x=\sqrt{3.6}$　あるいは　$-\sqrt{3.6}$

無理数の平方根

無理数の平方根の計算をするのに，よく使われる方法があります．つぎの数値例について説明しましょう．

例題1　$\sqrt{14+6\sqrt{5}}$ を計算しなさい．

解答　つぎのような有理数 a, b を求めます．

$$\sqrt{14+6\sqrt{5}}=a+b\sqrt{5}$$

この関係式の両辺を自乗して

$$14+6\sqrt{5}=a^2+5b^2+2ab\sqrt{5}$$

$$a^2+5b^2=14, \quad 2ab=6$$

この2つの関係式をみたす a, b はすぐわかります.

$$a=3, \quad b=1$$

$$\sqrt{14+6\sqrt{5}}=3+\sqrt{5}$$

練習問題　つぎの無理数の平方根を計算しなさい.

$\sqrt{7-4\sqrt{3}}$,　$\sqrt{43+30\sqrt{2}}$,　$\sqrt{19+8\sqrt{3}}$,　$\sqrt{56-24\sqrt{5}}$

93ページの練習問題(上)の答え

$5\sqrt{3}$, $6\sqrt{5}$, $8\sqrt{30}$

93ページの練習問題(下)の答え

$\frac{\sqrt{3}}{3}$, $\frac{\sqrt{5}}{2}$, $\frac{2\sqrt{30}}{15}$

第6章　平方根と無理数　問　題

問題1　つぎの計算をしなさい．

(1)　$\dfrac{1}{\sqrt{3}+\sqrt{2}}+\dfrac{1}{\sqrt{3}-\sqrt{2}}$

(2)　$\dfrac{1}{\sqrt{7}-\sqrt{5}}-\dfrac{1}{\sqrt{7}+\sqrt{5}}$

(3)　$\dfrac{1}{\sqrt{3}+\sqrt{2}+\sqrt{6}}+\dfrac{1}{\sqrt{3}+\sqrt{2}-\sqrt{6}}$

(4)　$\dfrac{1}{\sqrt{15}-\sqrt{5}+\sqrt{3}}-\dfrac{1}{\sqrt{15}+\sqrt{5}+\sqrt{3}}$

(5)　$\dfrac{1}{\sqrt{14+6\sqrt{5}}}+\dfrac{1}{\sqrt{14-6\sqrt{5}}}$

(6)　$\dfrac{1}{\sqrt{7-4\sqrt{3}}}-\dfrac{1}{\sqrt{7+4\sqrt{3}}}$

(7)　$\dfrac{1}{\sqrt{14+6\sqrt{5}}+\sqrt{14-6\sqrt{5}}}$

(8)　$\dfrac{1}{\sqrt{7+4\sqrt{3}}-\sqrt{7-4\sqrt{3}}}$

問題2　つぎの式を因数分解しなさい．［因数分解というとふつうは有理数を係数とする因子の積に分けることを意味しますが，ここでは無理数の係数も考えます．］

(1)　$a^2+\left(\sqrt{3}+1\right)ab+\left(5\sqrt{3}-8\right)b^2$

(2)　$a^2-2\left(\sqrt{2}+\sqrt{3}\right)ab+\left(2\sqrt{6}-1\right)b^2$

(3)　$a^2+2\left(\sqrt{3}+\sqrt{6}\right)ab-2b^2$

(4)　x^4+1

(5)　x^4+2x^2+4

(6)　$x^2+y^2+z^2+\dfrac{5}{2}yz+\dfrac{3}{\sqrt{2}}zx+\dfrac{3}{\sqrt{2}}xy$

問題3☆　つぎの連立二元方程式を解きなさい．

(1)　$x^2-xy+y^2=3$
　　$3x^2+xy+2y^2=13$

(2)　$x^2+3xy-2y^2=-1$
　　$7x^2+2xy+3y^2=2$

94ページの練習問題の答え

$\dfrac{\sqrt{18}-\sqrt{6}}{12}$，$\dfrac{\sqrt{24}+\sqrt{15}}{9}$，$\dfrac{\sqrt{7}+5\sqrt{5}+9\sqrt{3}-2\sqrt{105}}{59}$，$\dfrac{13\sqrt{5}+17\sqrt{3}-7\sqrt{15}-30}{11}$

95ページの練習問題の答え

$2-\sqrt{3}$，$5+3\sqrt{2}$，$4+\sqrt{3}$，$6-2\sqrt{5}$

問題 4☆　(X, Y) 平面上で，つぎの条件をみたす点 $\mathrm{P}=(x, y)$ の方程式を導きだし，どのような図形をえがくか，じっさいに作図しなさい.

$$\sqrt{(x+3)^2+y^2}+\sqrt{(x-3)^2+y^2} = 10$$

問題 5☆　(X, Y) 平面上で，つぎの条件をみたす点 $\mathrm{P}=(x, y)$ の方程式を導きだし，どのような図形をえがくか，じっさいに作図しなさい.

$$\sqrt{y^2+(x+5)^2}-\sqrt{y^2+(x-5)^2} = 6$$

第7章
二次方程式の根の公式

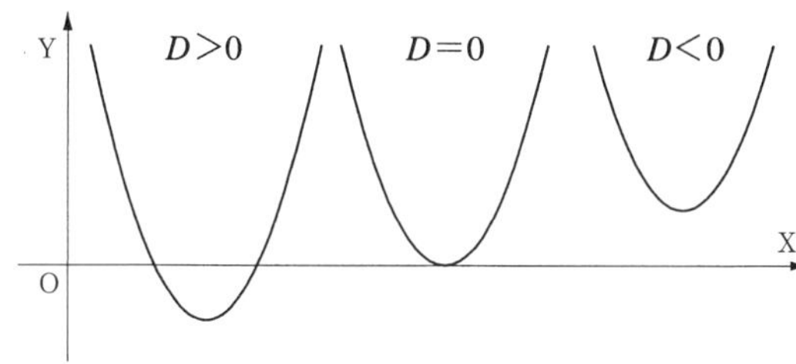

判別式

二次方程式の根を計算するとき，判別式の考え方が重要な役割をはたします．一般的な形の二次方程式を取り上げます．

$$ax^2+bx+c=0 \qquad (a\neq 0)$$

このとき，判別式 D はつぎのように定義されます．

$$D = b^2-4ac$$

判別式というのは，上の二次方程式を解かなくても，判別式 D の値から，その根の性質を判別することができるからです．$D>0$ のとき，異なる2つの根をもち，$D=0$ のとき，根は1つしかなく，$D<0$ のときには，根が存在しません．

判別式は英語で Discriminant です．英語で決定因とか，決定素という意味を持つ言葉は Determinant ですが，こちらは数学では，行列式を意味します．

1

二次方程式の根の公式

これまで，二次方程式の根をいろいろな方法で求めてきました．この節では，二次方程式の根を求める一般的な公式を導き出しておきましょう．

つぎの一般的な形の二次方程式を考えます．

$$ax^2+bx+c=0 \qquad (a\neq 0)$$

上の方程式を a で割って

$$x^2+\frac{b}{a}x+\frac{c}{a}=0$$

この式の両辺から $\dfrac{c}{a}$ を引けば

$$x^2+\frac{b}{a}x=-\frac{c}{a}$$

この式の左辺を自乗のかたちにするために，両辺に $\left(\dfrac{b}{2a}\right)^2$ を加えて

$$x^2+\frac{b}{a}x+\left(\frac{b}{2a}\right)^2=-\frac{c}{a}+\left(\frac{b}{2a}\right)^2$$

$$\left(x+\frac{b}{2a}\right)^2=\frac{b^2-4ac}{4a^2}$$

両辺の平方根をとって

$$x+\frac{b}{2a}=\pm\sqrt{\frac{b^2-4ac}{4a^2}}$$

$$x+\frac{b}{2a}=\pm\frac{\sqrt{b^2-4ac}}{2a}$$

$$x=-\frac{b}{2a}\pm\frac{\sqrt{b^2-4ac}}{2a}$$

$$x=\frac{-b\pm\sqrt{b^2-4ac}}{2a}$$

二次方程式の根の公式

$$ax^2+bx+c=0 \qquad (a\neq 0)$$

の根は

$$x=\frac{-b\pm\sqrt{b^2-4ac}}{2a}$$

この公式で，平方根記号$\sqrt{\ }$のなかを判別式といいます．

$$D=b^2-4ac$$

この公式からもすぐわかるように，上の二次方程式の根が存在するために必要，十分な条件は，判別式Dが正，または0となることです．

$$D=b^2-4ac\geqq 0$$

また，判別式Dが0のときには，$\pm$がなくなるので根が1つですし，正のときには，根が2つあります．

判別式の英語はDiscriminantです．その頭文字をとって，ふつうDであらわします．

練習問題　つぎの二次方程式を根の公式を使って計算しなさい．

(1)　$3x^2-10x+7=0$　　(2)　$5x^2-17x+12=0$

(3)　$7x^2-26x-2=0$　　(4)　$\frac{2}{5}x^2-\frac{4}{7}x-\frac{1}{3}=0$

(5)　$-\frac{2}{3}x^2-\frac{3}{8}x+\frac{1}{6}=0$　　(6)　$ax^2+2bx+c=0$

2 二次方程式をグラフで解く

さきに，連立二元一次方程式をグラフを使って解く方法を説明しました．同じように，二次方程式をグラフで解くことを考えてみたいと思います．そのために，二次関数のグラフをえがくことからはじめましょう．

もっともかんたんな二次方程式の例を取り上げます．

(1)　$$x^2-3x+2=0$$

この方程式は，因数分解によってかんたんに解けます．

$$x^2-3x+2=(x-1)(x-2)$$

$$x=1 \quad \text{あるいは} \quad 2$$

二次方程式の根の公式を使ってもかんたんに根を求めることができます.

$$x=\frac{3\pm\sqrt{9-8}}{2}=\frac{3\pm1}{2}=2 \quad \text{あるいは} \quad 1$$

さて，グラフを使って，二次方程式(1)を解くために，つぎの二次関数を考えます.

(2) $$y=x^2-3x+2$$

このとき，変数 x がさざまな値をとるときの変数 y の値を計算します.

x	-4	-3	-2	-1	0	1	2	3	4
y	30	20	12	6	2	0	0	2	6

この (x, y) の組み合わせを (X, Y) 座標にとります. これらの点をむすぶ連続な曲線は，図に示されているような曲線になります. 図からすぐわかるように，二次方程式(1)の根は，二次関数(2)のグラフが X 軸と交わる点の X 座標の値になります.

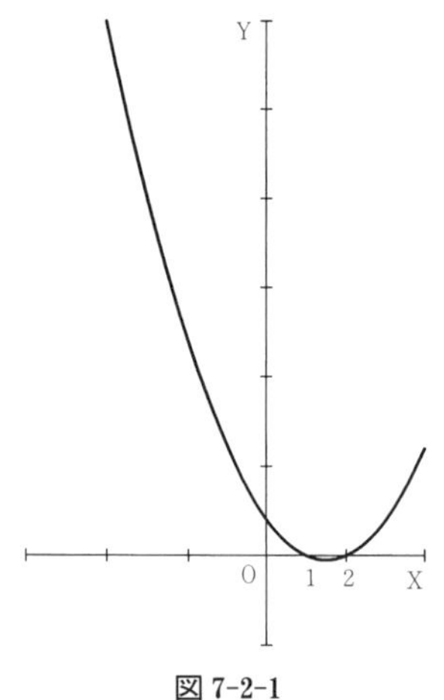

図 7-2-1

このグラフから興味深いことがわかります. 二次関数(2)のグラフは

$$x=\frac{3}{2}$$

のときに，谷底になります. つまり，二次関数(2)の y の値が最小になるわけです. この $x=\frac{3}{2}$ という値は，2 つの根 1, 2 の平均値になります.

$$\frac{3}{2}=\frac{2+1}{2}$$

101 ページの練習問題の答え

(1) 1 あるいは $\frac{7}{3}$

(2) 1 あるいは $\frac{12}{5}$

(3) $\frac{13\pm\sqrt{183}}{7}$ (4) $\frac{30\pm\sqrt{2370}}{42}$

(5) $\frac{-9\pm\sqrt{337}}{32}$ (6) $\frac{-b\pm\sqrt{b^2-ac}}{a}$

もう 1 つ，二次方程式の例をあげましょう.

$$x^2+x-12=0$$

この二次方程式の左辺は，つぎの二次関数になります.

$$y=x^2+x-12$$

x	-4	-3	-2	-1	0	1	2	3	4
y	0	-6	-10	-12	-12	-10	-6	0	8

この二次関数のグラフは図に示されている曲線になります.

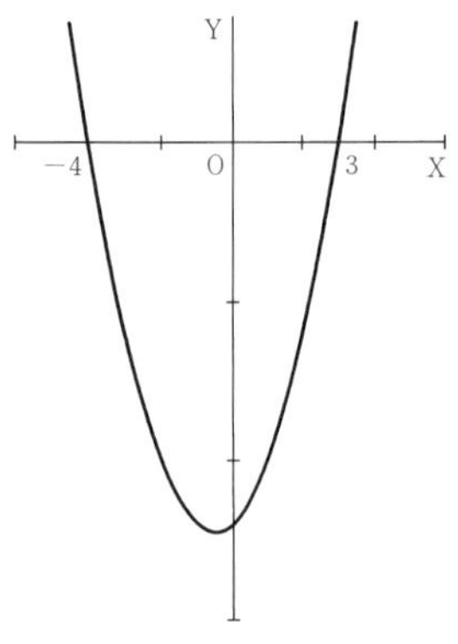

図 7-2-2

上の二次方程式の根は

$$x = -4 \quad あるいは \quad 3$$

また，その谷底は

$$x = -\frac{1}{2} = \frac{-4+3}{2}$$

練習問題　つぎの二次方程式をグラフを使って解きなさい．

(1)　$x^2+8x-65 = 0$　　　(2)　$5x^2-12x+4 = 0$

(3)　$-3x^2+4x+5 = 0$　　　(4)　$-x^2-6x-2 = 0$

(5)　$x^2-6x+9 = 0$　　　(6)　$x^2-2x+3 = 0$

練習問題(1), (2)はかんたんです．問題(3)は，これまでのグラフを反転した形となっています．x^2 の係数 -3 が負数となっているからです．(3)のグラフは，谷底ではなく，山頂をもっています．(3)のグラフのような曲線の二次関数を凹関数といいます．逆に，(1), (2)の二次関数を凸関数といいます．(4)についても同様です．

問題(5)は，根が1つしかありません．(5)の左辺は

$$x^2-6x+9 = (x-3)^2$$

のように，因数分解できます．したがって，根は $x=3$ しかありません．

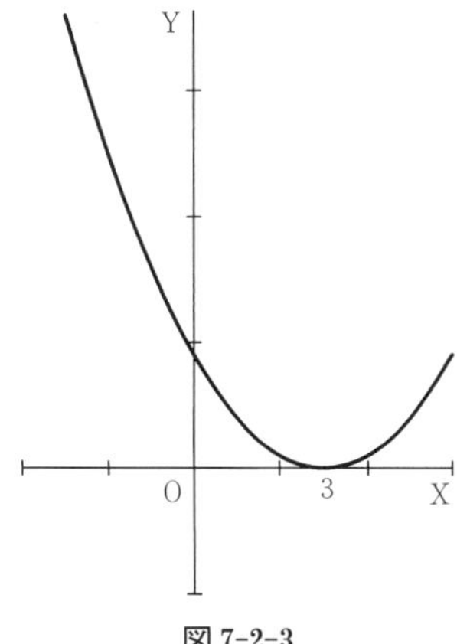

図 7-2-3

x	-3	-2	-1	0	1	2	3	4	5	6
y	36	25	16	9	4	1	0	1	4	9

$$y = x^2-6x+9 = (x-3)^2$$

のグラフは，図 7-2-3 で示されているように，X 軸に接する曲線となります．

このとき，判別式 D は 0 となります．

$$D = b^2-4ac = 6^2-4\times1\times9 = 0$$

問題(6)は，根が存在しません．判別式 D を計算すると

$$D = b^2-4ac = 2^2-4\times3 = -8 < 0$$

となるからです．じじつ

$$y = x^2-2x+3$$

のグラフは，図 7-2-4 に示されるような曲線となり，X 軸との交点がありません．

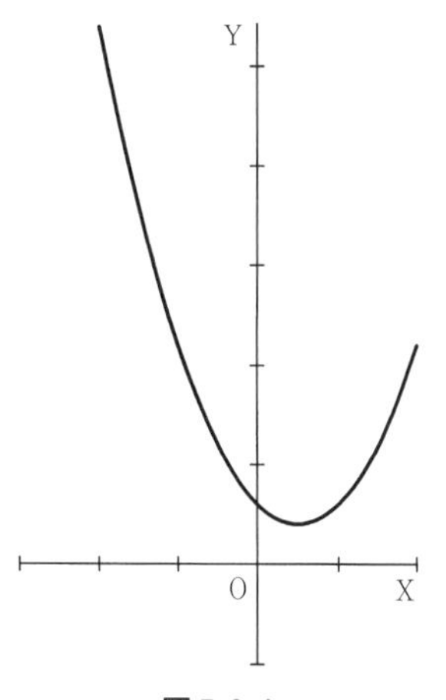

図 7-2-4

x	-4	-3	-2	-1	0	1	2	3	4
y	27	18	11	6	3	2	3	6	11

二次方程式の根と判別式の関係

二次方程式の根と判別式の関係をもう少しくわしく調べてみましょう．一番最初に取り上げた二次方程式(1)とその二次関数(2)を考えてみます．

(1) $$x^2-3x+2=0$$

(2) $$y=x^2-3x+2$$

このとき

$$x^2-3x+2=\left\{x^2-3x+\left(\frac{3}{2}\right)^2\right\}-\left\{\left(\frac{3}{2}\right)^2-2\right\}$$
$$=\left(x-\frac{3}{2}\right)^2-\frac{3^2-4\times 2}{4}$$
$$=\left(x-\frac{3}{2}\right)^2-\frac{1}{4}$$

つまり，二次方程式(2)の谷底は

$$x=\frac{3}{2}$$

で，その点での y の値は

$$y=-\frac{1}{4}$$

この y の値は

$$y=-\frac{D}{4}$$

ここで，D は二次方程式(1)の判別式です．

$$D=b^2-4ac=3^2-4\times 1\times 2=1$$

もう１つの二次方程式を例にとって，根の存在と判別式の関係を調べます．

$$7x^2+5x+13=0$$

$$y=7x^2+5x+13=7\left(x^2+\frac{5}{7}x+\frac{13}{7}\right)$$
$$=7\left\{x^2+\frac{5}{7}x+\left(\frac{5}{14}\right)^2\right\}-7\left\{\left(\frac{5}{14}\right)^2-\frac{13}{7}\right\}$$
$$=7\left(x+\frac{5}{14}\right)^2-\frac{5^2-4\times 7\times 13}{28}$$

103ページの練習問題の答え

(1) $x=5$　あるいは　-13

(2) $x=2$　あるいは　$\frac{2}{5}$

(3) $x=\frac{2\pm\sqrt{19}}{3}$

(4) $x=-3\pm\sqrt{7}$

(5) $x=3$

(6) 解なし

$$= 7\left(x+\frac{5}{14}\right)^2+\frac{339}{28}$$

したがって，この二次関数のグラフの谷底は

$$x = -\frac{5}{14}$$

で，そのときの y の値は

$$y = \frac{339}{28} = -\frac{D}{4a}$$

$$D = b^2-4ac = 5^2-4\times7\times13 = -339$$

このようにして，上の二次方程式の根が存在するためには，判別式 D が正あるいは 0 でなければならないことがわかります．

練習問題　これまで出てきた二次方程式について，二次関数の谷底(あるいは山頂)の値が

$$-\frac{b^2-4ac}{4a} = -\frac{D}{4a}$$

に等しいことをたしかめなさい．

このことを，一般的な形の二次関数の場合に証明してみましょう．

$$\begin{aligned} y &= ax^2+bx+c \\ &= a\left\{x^2+\frac{b}{a}x+\left(\frac{b}{2a}\right)^2\right\}-a\left\{\left(\frac{b}{2a}\right)^2-\frac{c}{a}\right\} \\ &= a\left(x+\frac{b}{2a}\right)^2-\frac{b^2-4ac}{4a} \end{aligned}$$

ここで

$$\left(x+\frac{b}{2a}\right)^2 \geqq 0$$

したがって，この二次関数のグラフが最小あるいは最大になるのは

$$x = -\frac{b}{2a}$$

のときです．そのときの y の値は

$$-\frac{b^2-4ac}{4a} = -\frac{D}{4a}$$

$a>0$ のとき，y は最小の値をとり，$a<0$ のとき，y は最大の値をとります．

このようにして，つぎの命題が成り立つことが示されました．

定理　二次方程式

$$ax^2+bx+c = 0$$

の根が存在するための必要かつ十分な条件は，判別式 D が正あるいは 0 となることである．

$$D = b^2-4ac \geqq 0$$

練習問題　つぎの二次方程式の根が存在するかどうかをじっさいにグラフをえがいてみたのち，つぎに判別式 D を計算してたしかめなさい．

(1)　$x^2-x+1 = 0$　　(2)　$x^2+x+1 = 0$

(3)　$6x^2-12x+20 = 0$　　(4)　$-15x^2+27x-8 = 0$

(5)　$\frac{1}{3}x^2-\frac{1}{5}x+\frac{1}{2} = 0$

(6)　$-\frac{2}{3}x^2+\frac{3}{4}x-\frac{4}{5} = 0$

3

二次方程式の根と係数の関係

第 1 節では，一般的な形の二次方程式

$$ax^2+bx+c = 0 \qquad (a\neq 0)$$

の根の公式を求めました．

$$x = \frac{-b\pm\sqrt{b^2-4ac}}{2a}$$

この 2 つの根を α, β とします．

$$\alpha = \frac{-b+\sqrt{b^2-4ac}}{2a}, \quad \beta = \frac{-b-\sqrt{b^2-4ac}}{2a}$$

105 ページの練習問題の答え

略

［もちろん，α と β が入れ替わってもよいわけです.］

この2つの根 α, β の和と積を計算してみます.

$$\alpha+\beta = \frac{-b+\sqrt{b^2-4ac}}{2a}+\frac{-b-\sqrt{b^2-4ac}}{2a} = -\frac{b}{a}$$

$$\begin{aligned}\alpha\beta &= \frac{-b+\sqrt{b^2-4ac}}{2a}\times\frac{-b-\sqrt{b^2-4ac}}{2a} \\ &= \frac{1}{4a^2}\left(-b+\sqrt{b^2-4ac}\right)\left(-b-\sqrt{b^2-4ac}\right) \\ &= \frac{1}{4a^2}\left\{(-b)^2-\left(\sqrt{b^2-4ac}\right)^2\right\} \\ &= \frac{1}{4a^2}\left\{b^2-(b^2-4ac)\right\} \\ &= \frac{4ac}{4a^2} = \frac{c}{a}\end{aligned}$$

二次方程式の根と係数の間に，つぎのような関係が存在することがわかります.

二次方程式の根と係数の関係

$$\alpha+\beta = -\frac{b}{a}, \qquad \alpha\beta = \frac{c}{a}$$

この根と係数の間の関係は，つぎのようにしても導き出すこともできます．2つの数 α, β は二次方程式

$$x^2+\frac{b}{a}x+\frac{c}{a} = 0$$

の根になるから

$$x^2+\frac{b}{a}x+\frac{c}{a} = (x-\alpha)(x-\beta)$$

［この関係式は当然，$\alpha=\beta$ のときにも成り立ちます．そのときには

$$x^2+\frac{b}{a}x+\frac{c}{a} = (x-\alpha)^2$$

となるわけです.］

上の式の右辺を展開すれば

$$(x-\alpha)(x-\beta) = x^2-(\alpha+\beta)x+\alpha\beta$$

$$x^2+\frac{b}{a}x+\frac{c}{a}=x^2-(\alpha+\beta)x+\alpha\beta$$

したがって

$$\alpha+\beta=-\frac{b}{a},\qquad \alpha\beta=\frac{c}{a}$$ Q. E. D.

練習問題　つぎの二次方程式について，根と係数の関係を直接求めなさい．

(1)　$x^2+8x-65=0$　　(2)　$5x^2-12x+4=0$

(3)　$-3x^2+4x+5=0$　　(4)　$x^2-6x+9=0$

(5)　$x^2-2x+3=0$　　(6)　$-x^2+3x+5=0$

例題 1　二次方程式

$$7x^2-15x+8=0$$

の 2 つの根を α,β とするとき，α^2,β^2 を 2 つの根とする二次方程式を求めなさい．

解答　根と係数の関係から

$$\alpha+\beta=\frac{15}{7},\qquad \alpha\beta=\frac{8}{7}$$

したがって

$$\alpha^2+\beta^2=(\alpha+\beta)^2-2\alpha\beta=\left(\frac{15}{7}\right)^2-2\times\frac{8}{7}=\frac{113}{49}$$

$$\alpha^2\beta^2=\left(\frac{8}{7}\right)^2=\frac{64}{49}$$

根と係数の関係を使えば，α^2,β^2 を根とする二次方程式は

$$x^2-\frac{113}{49}x+\frac{64}{49}=0$$

$$49x^2-113x+64=0$$

練習問題

(1)　二次方程式

$$7x^2-15x+8=0$$

の 2 つの根を α,β とするとき，α^3,β^3 を根とする二次方程式を求めなさい．

(2)　二次方程式

$$5x^2+3x-12=0$$

106 ページの練習問題の答え

(1)　$D=-3<0$

(2)　$D=-3<0$

(3)　$D=-336<0$

(4)　$D=249>0$

(5)　$D=-\frac{47}{75}<0$

(6)　$D=-\frac{377}{240}<0$

の 2 つの根を α, β とするとき，$2\alpha+\beta, \alpha+2\beta$ を根とする二次方程式を求めなさい．

例題 2　二次方程式

$$ax^2+bx+c=0$$

の 2 つの根を α, β とするとき，$(\alpha-\beta)^2$ の値を求めなさい．

解答　$(\alpha-\beta)^2 = \alpha^2-2\alpha\beta+\beta^2 = (\alpha^2+2\alpha\beta+\beta^2)-4\alpha\beta$

$$= (\alpha+\beta)^2-4\alpha\beta$$

二次方程式の根と係数の関係

$$\alpha+\beta = -\frac{b}{a}, \quad \alpha\beta = \frac{c}{a}$$

を代入すれば

$$(\alpha-\beta)^2 = \left(-\frac{b}{a}\right)^2-\frac{4c}{a}$$

$$= \frac{b^2}{a^2}-\frac{4c}{a} = \frac{b^2-4ac}{a^2}$$

与えられた二次方程式の判別式を D とおけば

$$(\alpha-\beta)^2 = \frac{D^2}{a^2}$$

例題 2 は，二次方程式の 2 つの根が等しいための必要，十分条件が

$$D = b^2-4ac = 0$$

であるという命題の証明にもなっています．

練習問題

(1)　二次方程式

$$ax^2+bx+c=0$$

の 2 つの根を α, β とするとき，$\frac{1}{\alpha}+\frac{1}{\beta}, \frac{1}{\alpha\beta}$ の値を求めなさい．

(2)　二次方程式

$$ax^2+bx+c=0$$

の 2 つの根を α, β とするとき，α^2, β^2 を根とする二次方程式を求めなさい．

定係数とは，x がついていない項のことです．

例題 3　定係数 c が 1 であるような二次方程式を考える．

$$ax^2+bx+1=0 \qquad (a\neq 0)$$

このとき，2つの根 α, β の逆数の和は $-b$ となることを証明しなさい．

$$\frac{1}{\alpha}+\frac{1}{\beta}=-b$$

解答　二次方程式の根と係数の関係を使います．

$$\alpha+\beta=-\frac{b}{a}, \qquad \alpha\beta=\frac{1}{a}$$

$$\frac{1}{\alpha}+\frac{1}{\beta}=\frac{\alpha+\beta}{\alpha\beta}=\frac{-\dfrac{b}{a}}{\dfrac{1}{a}}=-b$$

Q. E. D.

練習問題

(1)　二次方程式

$$ax^2+bx+c=0$$

の1つの根 α がもう1つの根 β の2倍になっているとき，二次方程式の係数 a, b, c の間にはどのような関係が存在するでしょうか．

(2)　二次方程式

$$ax^2+bx+c=0$$

の2つの根 α, β の間につぎの関係が成立するとき，二次方程式の係数 a, b, c の間にはどのような関係が存在するでしょうか．

$$\alpha^2+\alpha\beta+\beta^2=0$$

108ページの練習問題(上)の答え

(1)　$\alpha+\beta=-8$,　$\alpha\beta=-65$

(2)　$\alpha+\beta=\frac{12}{5}$,　$\alpha\beta=\frac{4}{5}$

(3)　$\alpha+\beta=\frac{4}{3}$,　$\alpha\beta=-\frac{5}{3}$

(4)　$\alpha+\beta=6$,　$\alpha\beta=9$

(5)　$\alpha+\beta=2$,　$\alpha\beta=3$

(6)　$\alpha+\beta=3$,　$\alpha\beta=-5$

108ページの練習問題(下)の答え

(1)　$343x^2-855x+512=0$

(2)　$25x^2+45x-42=0$

109ページの練習問題の答え

(1)　$-\frac{b}{c}, \frac{a}{c}$

(2)　$a^2x^2-(b^2-2ac)x+c^2=0$

第7章　二次方程式の根の公式　問　題

問題1　つぎの二次方程式の根を求めなさい．

(1)　$28x^2-293x+420=0$

(2)　$40x^2+237x-1168=0$

(3)　$x^2+\dfrac{62}{35}x+\dfrac{24}{35}=0$　　　(4)　$x^2-\dfrac{6}{221}x-\dfrac{35}{221}=0$

(5)　$\dfrac{1}{\sqrt{3}+\sqrt{2}}x^2-2x+\dfrac{1}{\sqrt{3}-\sqrt{2}}=0$

(6)　$x^2-2ax+a^2-b^2=0$

(7)　$x^2-(a-8b)x-2a^2-ab+15b^2=0$

(8)　$(b-c)x^2+(c-a)x+(a-b)=0$　　$(b\neq c)$

問題2　つぎの方程式を解きなさい．

(1)　$\dfrac{1}{x-1}-\dfrac{1}{x+1}=\dfrac{2}{3}$　　　(2)　$\dfrac{1}{x-2}+\dfrac{1}{x+3}=\dfrac{3}{10}$

(3)　$\sqrt{x+4}+\sqrt{x-1}=5$

(4)　$\sqrt{x+4}+\sqrt{x-3}=\sqrt{4x+1}$

(5)　$\sqrt{3x+7}=\sqrt{2x+3}+1$

(6)　$\sqrt{3x-2}-\sqrt{x+3}=\sqrt{x-5}$

(7)　$\sqrt{x+7}+\sqrt{x-5}=\sqrt{3x+9}$

(8)　$\sqrt{3x^2-5x+7}=2x-1$

問題3☆　$y=mx+n$ $(m, n$ は定数$)$によって与えられる直線がつぎの条件をみたすときの m, n の値を求めよ．

(1)　$(8, 15)$ を通り，方程式 $y=x^2$ のグラフとただ1つの交点をもつ．

(2)　$(2, 3)$ を通り，方程式 $y=x^2+6x-4$ のグラフとただ1つの交点をもつ．

(3)　(p, q) を通り，方程式 $y=x^2$ のグラフとただ1つの交点をもつ．

(4)　$(3, 4)$ を通り，方程式 $x^2+y^2=5$ のグラフとただ1つの交点をもつ．

(5)　$(4, 3)$ を通り，方程式 $x^2-6x+y^2+2y+6=0$ のグラフとただ1つの交点をもつ．

(6)　(p, q) を通り，方程式 $x^2+y^2=1$ のグラフとただ1つの交点をもつ.

(7)　$(8, 9)$ を通り，方程式 $\dfrac{x^2}{16}+\dfrac{y^2}{9}=1$ のグラフとただ1つの交点をもつ.

(8)　(p, q) を通り，方程式 $\dfrac{x^2}{a^2}+\dfrac{y^2}{b^2}=1$ $(a, b>0$ は定数$)$ のグラフとただ1つの交点をもつ.

(9)　$(4, -3)$ を通り，方程式 $xy=1$ のグラフとただ1つの交点をもつ.

(10)　(p, q) を通り，方程式 $xy=1$ のグラフとただ1つの交点をもつ.

問題 4　$y=ax^2+bx+c$ のグラフについて，つぎの条件をみたすときの a, b, c の値を求めよ.

(1)　X 軸と交わる点が $(2, 0), (3, 0)$ で，Y 軸と交わる点が $(0, 6)$ である.

(2)　3点 $(-1, 10), (2, 13), (3, 26)$ を通る.

(3)　その頂点が $(2, 10)$ にあって，点 $(3, 7)$ を通る.

(4)　その谷底が $(5, -10)$ にあって，Y 軸と $(0, 40)$ で交わる.

(5)　その頂点が $(2, 3)$ で，1根が5である.

問題 5　つぎの条件をみたす x, y のなかで x^2+y^2 が最小になるような値を求めよ.

(1)　$x+y=12$　　　(2)　$3x+4y=50$

問題 6　つぎの条件をみたす x, y のなかで xy を最大にするような値を求めよ.

(1)　$x+y=12$　　　(2)　$3x+4y=50$

問題 7　つぎの条件をみたす x, y のなかで x^2-xy+y^2 が最小になるような値を求めよ.

(1)　$x+y=12$　　　(2)　$3x+4y=50$

問題 8　$x^2-xy+y^2=100$ をみたす x, y のなかで $x+y$ が最大になるような値を求めよ.

問題 9　二次方程式

$$3x^2+5x+1=0$$

の2つの根を α, β とするとき，つぎの2つの値を根とする二次方程式を求めなさい.

110 ページの練習問題の答え

(1)　$2b^2-9ac=0$

(2)　$b^2=ac$

（1） $\alpha+1,\ \beta+1$　　（2） $\dfrac{1}{\alpha}+1,\ \dfrac{1}{\beta}+1$

（3） $\alpha+\beta,\ \alpha\beta$　　（4） $\dfrac{\alpha}{\beta},\ \dfrac{\beta}{\alpha}$

（5） $\alpha+\dfrac{1}{\beta},\ \beta+\dfrac{1}{\alpha}$　　（6） $\dfrac{1}{\alpha}+\dfrac{1}{\beta},\ \dfrac{1}{\alpha\beta}$

問題 10　二次方程式

$$ax^2+bx+c=0$$

の 2 つの根を α,β とするとき，つぎの 2 つの値を根とする二次方程式を求めなさい．

（1） $\alpha+\beta,\ \alpha\beta$　　（2） $\dfrac{1}{\alpha},\ \dfrac{1}{\beta}$

（3） $\dfrac{1}{\alpha}+\dfrac{1}{\beta},\ \dfrac{1}{\alpha\beta}$　　（4） $\alpha^3,\ \beta^3$

（5） $\alpha^2+\beta,\ \alpha+\beta^2$　　（6） $\alpha^2-\beta,\ \beta^2-\alpha$

第8章 三次方程式の根と係数の関係

$x^3+ax^2+bx+c=0$

$(\alpha+\beta+\gamma)=-a$

$\beta\gamma+\gamma\alpha+\alpha\beta=b$

$\alpha\beta\gamma=-c$

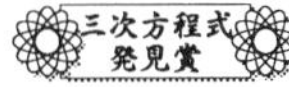

三次方程式の根の公式

一般的な形をした三次方程式についても，その根を求める公式があります．

$$x^3+ax^2+bx+c=0$$

この公式はあまりむずかしくはありませんが，数学の考え方という点からあまり大切ではないので，ここではふれないことにします．しかし，三次方程式の場合にも，根と係数の関係はたいへん重要な役割をはたします．上の三次方程式の3つの根をα,β,γとすれば

$$\alpha+\beta+\gamma=-a,\quad \alpha\beta+\beta\gamma+\gamma\alpha=b,\quad \alpha\beta\gamma=-c$$

三次方程式の根の公式の発見については，あまり芳(かんば)しくない話が伝わっています．この三次方程式の根の公式は，四次方程式の場合と一緒に，イタリアの数学者カルダーノの著書『大算術』のなかにはじめて出てきますが，最初に発見したのはじつはタルターリアという数学者だったのです．この2人の数学者の間でみにくい争いが展開されて，いまでも，数学の歴史に汚点としてのこっています．

1

三次方程式の根と係数の関係 ☆

三次，ないしは，より高次の方程式についても，二次方程式の場合と同じように，根と係数の間に同じような関係が存在します．ここでは，三次方程式についての根と係数の関係を導き出します．つぎのような一般的な形をした三次方程式を考えます．

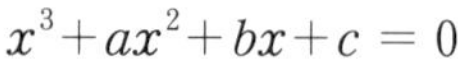

$$x^3+ax^2+bx+c=0$$

いま，α をこの方程式の根とすれば

$$\alpha^3+a\alpha^2+b\alpha+c=0$$

$f(x)$ は，x の関数という意味の記号です．

三次関数を

$$f(x)=x^3+ax^2+bx+c$$

のようにあらわします．このとき，$f(x)$ は $x-\alpha$ で割り切れます．

α は上の方程式の根ですから

$$\alpha^3+a\alpha^2+b\alpha+c=0$$

関数記号を使えば

$$f(\alpha)=0$$

となるわけです．

ここで，三次関数 $f(x)$ を実際に $x-\alpha$ で割ってみます．式の割り算も，数の割り算とまったく同じように計算できます．数の割り算の場合には，桁数（けたすう）を省略して計算しますが，式の割り算の場合にも，数の桁数に対応する x^3, x^2, x は省略して，係数だけをあらわします．

$$
\begin{array}{r|llll}
 & 1 & +(a+\alpha) & +(b+a\alpha+\alpha^2) & \\
\hline
1-\alpha & 1 & a & b & c \\
 & 1 & -\alpha & & \\
\hline
 & & a+\alpha & b & \\
 & & a+\alpha & -(a\alpha+\alpha^2) & \\
\hline
 & & & b+a\alpha+\alpha^2 & c \\
 & & & b+a\alpha+\alpha^2 & -(b\alpha+a\alpha^2+\alpha^3) \\
\hline
 & & & & c+b\alpha+a\alpha^2+\alpha^3=0
\end{array}
$$

上の三次方程式の3つの根をα,β,γであらわします．上の演算を繰り返しおこなうことによって，

$$x^3+ax^2+bx+c=(x-\alpha)(x-\beta)(x-\gamma)$$

という因数分解が成立することがわかります．

この因数分解の積をじっさいに計算してみます．

$$\begin{array}{rcccc}
 & 1 & -\alpha & & \\
\times) & 1 & -\beta & & \\
\hline
 & 1 & -\alpha & & \\
 & & -\beta & \alpha\beta & \\
\hline
 & 1 & -\alpha-\beta & \alpha\beta & \\
\times) & & 1 & -\gamma & \\
\hline
 & 1 & -\alpha-\beta & \alpha\beta & \\
 & & -\gamma & \alpha\gamma+\beta\gamma & -\alpha\beta\gamma \\
\hline
 & 1 & -\alpha-\beta-\gamma & \alpha\beta+\beta\gamma+\gamma\alpha & -\alpha\beta\gamma
\end{array}$$

$$(x-\alpha)(x-\beta)(x-\gamma)=x^3-(\alpha+\beta+\gamma)x^2+(\alpha\beta+\beta\gamma+\gamma\alpha)x-\alpha\beta\gamma$$

したがって

$$\alpha+\beta+\gamma=-a$$
$$\alpha\beta+\beta\gamma+\gamma\alpha=b$$
$$\alpha\beta\gamma=-c$$

三次方程式にかんする根と係数の関係

三次方程式

$$x^3+ax^2+bx+c=0$$

の根をα,β,γとすれば

$$\alpha+\beta+\gamma=-a,\quad \alpha\beta+\beta\gamma+\gamma\alpha=b,\quad \alpha\beta\gamma=-c$$

練習問題　つぎの三次方程式について，根と係数の関係を直接求めなさい．

(1)　$x^3-6x^2+11x-6=0$

(2)　$x^3-7x+6=0$

(3)　$x^3-9x^2+26x-24=0$

(4)　$x^3-3x^2+3x-1=0$

(5)　$x^3-6x^2+12x-8=0$

(6)　$x^3-7x^2+16x-12=0$

例題 1　　　$x^3-7x^2-15x+8=0$

の 3 つの根を α,β,γ とするとき，$\alpha^2,\beta^2,\gamma^2$ を 3 つの根とする三次方程式を求めなさい．

解答　根と係数の関係から

$$\alpha+\beta+\gamma=7$$
$$\alpha\beta+\beta\gamma+\gamma\alpha=-15$$
$$\alpha\beta\gamma=-8$$

したがって

$$\alpha^2+\beta^2+\gamma^2=(\alpha+\beta+\gamma)^2-2(\alpha\beta+\beta\gamma+\gamma\alpha)$$
$$=7^2-2\times(-15)=79$$
$$\alpha^2\beta^2+\beta^2\gamma^2+\gamma^2\alpha^2=(\alpha\beta+\beta\gamma+\gamma\alpha)^2-2\alpha\beta\gamma(\alpha+\beta+\gamma)$$
$$=337$$
$$\alpha^2\beta^2\gamma^2=(-8)^2=64$$

根と係数の関係を使えば，$\alpha^2,\beta^2,\gamma^2$ を根とする三次方程式は

$$x^3-79x^2+337x-64=0$$

練習問題

(1)　　　$x^3-6x^2+12x-8=0$

の 3 つの根を α,β,γ とするとき，$\alpha^2,\beta^2,\gamma^2$ を 3 つの根とする三次方程式を求めなさい．

(2)　　　$x^3-9x^2+26x-24=0$

の 3 つの根を α,β,γ とするとき，$\alpha\beta,\beta\gamma,\gamma\alpha$ を 3 つの根とする三次方程式を求めなさい．

例題 2　　　$x^3+ax^2+bx+c=0$

の根を α,β,γ とするとき

$$(\alpha-\beta)^2+(\beta-\gamma)^2+(\gamma-\alpha)^2$$

の値を求めなさい．

解答

$$(\alpha-\beta)^2+(\beta-\gamma)^2+(\gamma-\alpha)^2$$
$$=2(\alpha^2+\beta^2+\gamma^2-\alpha\beta-\beta\gamma-\gamma\alpha)$$
$$=2\{(\alpha^2+\beta^2+\gamma^2+2\alpha\beta+2\beta\gamma+2\gamma\alpha)-3(\alpha\beta+\beta\gamma+\gamma\alpha)\}$$
$$=2\{(\alpha+\beta+\gamma)^2-3(\alpha\beta+\beta\gamma+\gamma\alpha)\}$$

三次方程式の根と係数の関係のうち

$$\alpha+\beta+\gamma=-a$$

117 ページの練習問題の答え

(1)　$\alpha+\beta+\gamma=6$，$\alpha\beta+\beta\gamma+\gamma\alpha=11$，$\alpha\beta\gamma=6$

(2)　$\alpha+\beta+\gamma=0$，$\alpha\beta+\beta\gamma+\gamma\alpha=-7$，$\alpha\beta\gamma=-6$

(3)　$\alpha+\beta+\gamma=9$，$\alpha\beta+\beta\gamma+\gamma\alpha=26$，$\alpha\beta\gamma=24$

(4)　$\alpha+\beta+\gamma=3$，$\alpha\beta+\beta\gamma+\gamma\alpha=3$，$\alpha\beta\gamma=1$

(5)　$\alpha+\beta+\gamma=6$，$\alpha\beta+\beta\gamma+\gamma\alpha=12$，$\alpha\beta\gamma=8$

(6)　$\alpha+\beta+\gamma=7$，$\alpha\beta+\beta\gamma+\gamma\alpha=16$，$\alpha\beta\gamma=12$

$$\alpha\beta+\beta\gamma+\gamma\alpha = b$$

の2つの関係を使って,

$$(\alpha-\beta)^2+(\beta-\gamma)^2+(\gamma-\alpha)^2 = 2(a^2-3b)$$

練習問題

(1) $$x^3+ax^2+bx+c = 0$$

の3つの根をα, β, γとするとき, $\dfrac{1}{\alpha}+\dfrac{1}{\beta}+\dfrac{1}{\gamma}, \dfrac{1}{\alpha\beta\gamma}$の値を求めなさい.

(2) $$x^3+ax^2+bx+c = 0$$

の3つの根をα, β, γとするとき, $\alpha^2, \beta^2, \gamma^2$を根とする三次方程式を求めなさい.

例題3 定係数が1であるような三次方程式を考える.

$$ax^3+bx^2+cx+1 = 0 \qquad (a\neq 0)$$

このとき, 3つの根α, β, γの逆数の和は$-c$となる.

$$\frac{1}{\alpha}+\frac{1}{\beta}+\frac{1}{\gamma} = -c$$

証明 まず, つぎの関係式を考えます.

$$\frac{1}{\alpha}+\frac{1}{\beta}+\frac{1}{\gamma} = \frac{\alpha\beta+\beta\gamma+\gamma\alpha}{\alpha\beta\gamma}$$

三次方程式の根と係数の関係

$$\alpha\beta+\beta\gamma+\gamma\alpha = \frac{c}{a}$$

$$\alpha\beta\gamma = -\frac{1}{a}$$

を代入すれば

$$\frac{1}{\alpha}+\frac{1}{\beta}+\frac{1}{\gamma} = \frac{\frac{c}{a}}{-\frac{1}{a}} = -c$$

Q. E. D.

練習問題

(1) $$x^3+ax^2+bx+c = 0$$

の3つの根α, β, γの大きさが$1:2:3$の比になっているとき, 係数a, b, cの間につぎの関係が存在することを示しなさい.

$$ab-11c=0$$

(2)
$$x^3+ax^2+bx+c=0$$

の 3 つの根 α, β, γ の間につぎの関係が成立するとき, 係数 a, b, c の間にはどのような関係が存在するでしょうか.

$$\alpha^2+\beta^2+\gamma^2+\alpha\beta+\beta\gamma+\gamma\alpha=0$$

118 ページの練習問題の答え

(1) $x^3-12x^2+48x-64=0$

(2) $x^3-26x^2+216x-576=0$

119 ページの練習問題(上)の答え

(1) $-\dfrac{b}{c}, -\dfrac{1}{c}$

(2) $x^3-(a^2-2b)x^2+(b^2-2ac)x-c^2$
$=0$

119 ページの練習問題(下)の答え

(1) $a=-(\alpha+\beta+\gamma)=-6\alpha$,
$b=\alpha\beta+\beta\gamma+\gamma\alpha=11\alpha^2$,
$c=-\alpha\beta\gamma=-6\alpha^3$

(2) $a^2=b$

第8章　三次方程式の根と係数の関係　**問　題**

問題1☆　三次方程式

$$x^3-3x^2+6x-5=0$$

の3つの根をα,β,γとするとき，つぎの3つの値を根とする三次方程式を求めなさい．

(1)　$\alpha+1,\ \beta+1,\ \gamma+1$

(2)　$\alpha+\beta,\ \beta+\gamma,\ \gamma+\alpha$

(3)　$\alpha\beta,\ \beta\gamma,\ \gamma\alpha$

(4)　$\dfrac{1}{\alpha}+1,\ \dfrac{1}{\beta}+1,\ \dfrac{1}{\gamma}+1$

(5)　$\alpha+\dfrac{1}{\alpha},\ \beta+\dfrac{1}{\beta},\ \gamma+\dfrac{1}{\gamma}$

(6)　$\dfrac{1}{\alpha}+\dfrac{1}{\beta},\ \dfrac{1}{\beta}+\dfrac{1}{\gamma},\ \dfrac{1}{\gamma}+\dfrac{1}{\alpha}$

第 9 章
等差級数と等比級数

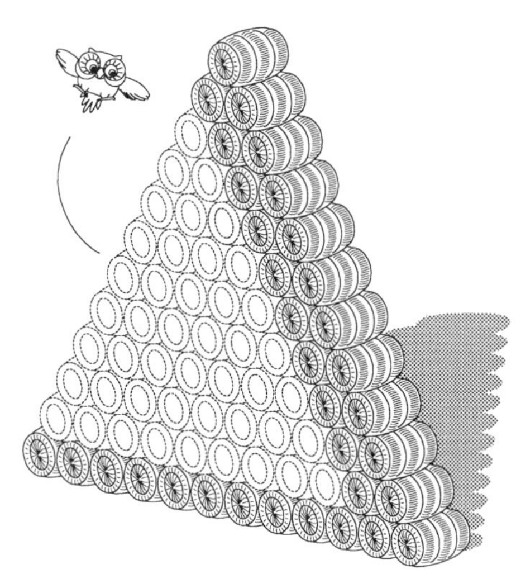

算術の問題に俵算(たわらざん)というのがあります．俵算はもともと，バビロンで流行した問題ですが，私が小学生のときにも，鶴亀算とならんでよく出た問題でした．バビロンでは小麦の袋を使ったのでしょうが，私たちのときは米俵を使いました．

俵算の問題　米俵がたくさん積んであります．一番下には 12 俵(ひょう)あって，1 段ごとに 1 俵ずつ数が少なくなっています．一番上には 1 俵積んであります．米俵は全部で，何俵あるでしょうか．

1

等差級数

数列の和を級数とよびます．

一般の等差級数について考えを進める前に，俵算の計算法にかんする練習問題を出しておきます．

前のページの問題のヒント　かりに，俵の積み方を逆にしたとします．一番下には1俵あって，一番上には12俵あることになります．したがって，両方の俵の山を各段ごとに足し合わせると，つぎのようになるわけです．

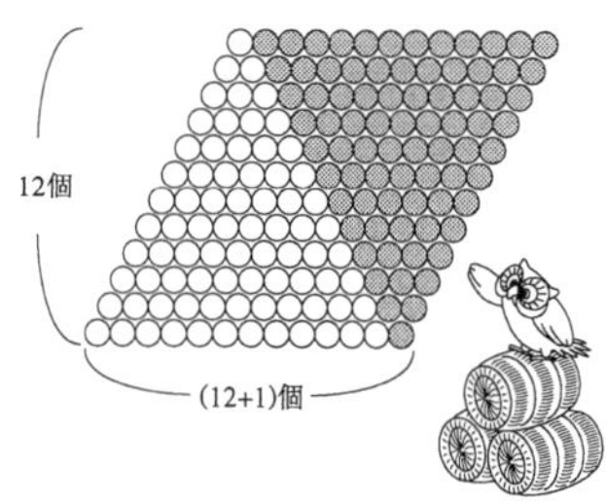

$$(1+12)+(2+11)+\cdots+(11+2)+(12+1)$$
$$= 13+13+\cdots 13+13 = 13\times 12$$
$$1+2+\cdots+11+12 = 13\times 12\div 2 = 78$$

答えは78俵になるわけです．

練習問題　つぎの俵算の各問題を計算しなさい．

(1)　米俵が積んであります．一番下には12俵あって，1段ごとに1俵ずつ数が少なくなっています．一番上には3俵積んであります．米俵は全部で，何俵あるでしょうか．

(2)　小麦の袋が積んであります．一番下には15個あって，1段ごとに1個ずつ数が少なくなっています．一番上には6個積んであります．小麦の袋は，全部で何個あるでしょうか．

俵算の問題の一般的な形

$n=1, 2, \cdots$ を正の整数とします．一番上には1俵あり，1段ごとに1俵ずつ数が多くなって，一番下には n 俵積んであるときの米俵の総数を S_n とおきます．

$$S_n = 1+2+\cdots+(n-1)+n$$

このとき

$$S_n = \frac{n(n+1)}{2}$$

証明　かりに，俵の積み方を逆にみたとします．一番下には1俵あって，一番上にはn俵あるわけですから，両方の俵の山を足し合わせると，つぎのようになります．

$$\begin{aligned}
&(1+2+\cdots+\overline{n-1}+n)+(n+\overline{n-1}+\cdots+2+1)\\
&\quad=(1+n)+(2+n-1)+\cdots+(n-1+2)+(n+1)\\
&\quad=(n+1)+(n+1)+\cdots+(n+1)\qquad[(n+1)\text{ が } n \text{ 個}]\\
&\quad=n(n+1)
\end{aligned}$$

$$2S_n = n(n+1)$$

$$S_n = \frac{n(n+1)}{2}$$

Q. E. D.

$n-1$の上に線が引いてあるのは，「そこをひとつのまとまりとして見てください」という意味です．

上の公式はつぎのようにしても，導き出すことができます．一番上には 1俵あり，1段ごとに1俵ずつ数が多くなって，一番下にはn俵積んであるときの米俵の俵数をS_nとおきます．

$$S_n = 1+2+\cdots+(n-1)+n$$

nが1, 2, 3, 4の値をとるときのS_nの値はつぎのようになります．

$$S_1 = 1,\qquad S_2 = 1+2 = 3,\qquad S_3 = 1+2+3 = 6,$$
$$S_4 = 1+2+3+4 = 10$$

このとき，nが1, 2, 3, 4の値をとるときのS_nの値はつぎのように書き直すことができます．

$$S_1 = \frac{1\times(1+1)}{2},\qquad S_2 = \frac{2\times(2+1)}{2},\qquad S_3 = \frac{3\times(3+1)}{2},$$

$$S_4 = \frac{4\times(4+1)}{2}$$

この表現から，一般的なS_nの形として，つぎの式を想定できます．

$$S_n = \frac{n(n+1)}{2}$$

もし，ある正の整数$n=1, 2, \cdots$について

$$S_n = 1+2+\cdots+n = \frac{n(n+1)}{2}$$

が成立したとします．このとき

$$S_{n+1} = 1+2+\cdots+n+\overline{n+1}$$

をつぎのように分けて考えてみます．

$$\begin{aligned} S_{n+1} &= (1+2+\cdots+n)+(n+1) \\ &= \frac{n(n+1)}{2}+(n+1) = \frac{n\times(n+1)+2(n+1)}{2} \\ &= \frac{(n+1)(n+2)}{2} = \frac{(n+1)(\overline{n+1}+1)}{2} \end{aligned}$$

このようにして，ある正の整数 n について

$$S_n = \frac{n(n+1)}{2}$$

が成立したと仮定すれば，$n+1$ のとき

$$S_{n+1} = \frac{(n+1)(\overline{n+1}+1)}{2}$$

が成り立つことが分かったわけです．したがって，$n=1$ のときに成立すればすべての正の整数 n について

$$S_n = \frac{n(n+1)}{2}$$

という関係が成立することがわかります．

このような考え方を数学的帰納法といって，よく使われる方法です．

俵算の問題を数学の考え方を使って解く

俵算の問題の公式

$$S_n = \frac{n(n+1)}{2}$$

を数学の考え方を使って導き出す方法を説明しておきましょう．そのために，つぎのような俵の数の和のあらわし方を使います．

$$S_n = 1+2+\cdots+(n-1)+n = \sum_{k=1,\cdots,n} k$$

ここで，$\sum_{k=1,\cdots,n}$ は $k=1,\cdots,n$ についての和をとることを意味する記号です．

和という言葉は英語で Summation です．Σ はギリシア語で英語の S に相当する文字です．

124ページの練習問題の答え

(1)　75　　(2)　105

まず，つぎの関係式を考えます．

$$(k+1)^2-k^2 = 2k+1$$

この関係式を $k=1, 2, \cdots, n-1, n$ についてならべます．

$$2^2-1^2 = 2\times1+1$$
$$3^2-2^2 = 2\times2+1$$
$$\cdots$$
$$n^2-(n-1)^2 = 2(n-1)+1$$
$$(n+1)^2-n^2 = 2n+1$$

これらの関係式の両辺をすべて足し合わせると，左辺の 1 つの項が順々に消えていきますから

$$\begin{aligned}(n+1)^2-1^2 &= 2\times\{1+2+\cdots+(n-1)+n\}+n \\ &= 2S_n+n\end{aligned}$$

この関係式は

$$\sum_{k=1,\cdots,n}\{(k+1)^2-k^2\} = \sum_{k=1,\cdots,n}(2k+1) = 2\sum_{k=1,\cdots,n}k+n$$
$$(n+1)^2-1^2 = 2\sum_{k=1,\cdots,n}k+n$$

と書くこともできます．したがって，

$$\begin{aligned}2S_n &= (n+1)^2-1^2-n = (n+1)^2-(n+1) \\ &= \{(n+1)-1\}(n+1) = n(n+1)\end{aligned}$$
$$S_n = \frac{n(n+1)}{2}$$

Q. E. D.

例題 1　つぎの関係式を，はじめに俵算の手法を使って示し，つぎに数学の考え方によって証明しなさい．

$$S_n = 1+3+\cdots+(2\overline{n-1}-1)+(2n-1) = n^2$$

解答　S_n を逆の順序にならべて，各項ごとに足し合わせます．

$$\begin{aligned}S_n &= 1+3+\cdots+(2\overline{n-1}-1)+(2n-1) \\ S_n &= (2n-1)+(2\overline{n-1}-1)+\cdots+3+1 \\ 2S_n &= \{1+(2n-1)\}+\{3+(2\overline{n-1}-1)\}+\cdots \\ &\quad +\{(2\overline{n-1}-1)+3\}+\{(2n-1)+1\} \\ &= 2n+2n+\cdots+2n+2n \qquad [2n \text{ が } n \text{ 個}] \\ &= 2n\times n = 2n^2 \\ S_n &= n^2\end{aligned}$$

数学の考え方を使って証明するために，つぎの関係式を考えます．

$$k^2-(k-1)^2 = 2k-1$$

この関係式の両辺を $k=1, 2, \cdots, n-1, n$ について足し合わせると，左辺の 1 つの項が順々に消えていきますから

$$n^2 = \sum_{k=1,\cdots,n}(2k-1) = S_n$$

Q. E. D.

練習問題　つぎの計算をはじめに俵算の手法を使って示し，つぎに数学の考え方を使って証明しなさい．

(1)　$(2\times16-1)+(2\times17-1)+\cdots+(2\times29-1)+(2\times30-1)$
$= 3\times15\times15$

(2)　$(2\times21-1)+(2\times22-1)+\cdots+(2\times49-1)+(2\times50-1)$
$= (50+20)\times(50-20)$

例題 2　つぎの関係式を俵算の手法を使って証明しなさい．

$$S_n = a+(a+d)+\cdots+(a+\overline{n-2}d)+(a+\overline{n-1}d)$$
$$= \frac{n(2a+\overline{n-1}d)}{2}$$

ここで，d を公差といいます．公差は等差数列の各項からその前の項を引いた数です．

解答　S_n を逆の順序にならべて，各項ごとに足し合わせます．

$$S_n = a+(a+d)+\cdots+(a+\overline{n-2}d)+(a+\overline{n-1}d)$$
$$S_n = (a+\overline{n-1}d)+(a+\overline{n-2}d)+\cdots+(a+d)+a$$
$$2S_n = (2a+\overline{n-1}d)+(2a+\overline{n-1}d)+\cdots+(2a+\overline{n-1}d)$$
$$+(2a+\overline{n-1}d) \qquad [(2a+\overline{n-1}d)\text{ が } n \text{ 個}]$$
$$= n\times(2a+\overline{n-1}d)$$
$$S_n = \frac{n(2a+\overline{n-1}d)}{2}$$

Q. E. D.

練習問題　つぎの数列の和を俵算の手法を使って計算しなさい．

(1)　$25+40+55+\cdots+175+190+205$

(2)　$120+146+172+\cdots+380+406+432$

(3)　$120+108+96+\cdots+36+24+12$

(4)　$25+24+23+\cdots+(-4)+(-5)+(-6)$

(5)　$a+(a+6)+\cdots+(a+99\times6)+(a+100\times6)$

(6)　$a+(a-6)+\cdots+(a-99\times 6)+(a-100\times 6)$

ある等差数列について，a, c, b を順にならんでいる 3 つの項とすれば

$$c-a = b-c$$
$$2c = a+b$$

この式の両辺を 2 で割って

$$c = \frac{a+b}{2}$$

このとき，c は 2 つの数 a, b の算術平均になっているといいます．

2 等比級数 ☆

前節でお話しした，数列

$$\{a_1,\ a_2,\ \cdots,\ a_{n-1},\ a_n\}$$

は，2 つの連続する項の差

$$a_{k+1}-a_k$$

が一定となります．これを，等差数列あるいは算術数列といい，その和を等差級数あるいは算術級数とよびます．

等差数列の 3 つの連続する項 a_k, a_{k+1}, a_{k+2} について

$$a_{k+1} = \frac{a_k+a_{k+2}}{2}$$

つまり，a_{k+1} は 2 つの数 a_k, a_{k+2} の算術平均となります．

この節では，等比級数を考えます．数列

$$\{a_1,\ a_2,\ \cdots,\ a_{n-1},\ a_n\}$$

について，2 つの連続する項の比

$$\frac{a_{k+1}}{a_k} = r$$

が一定となるとき，等比数列あるいは幾何数列といい，その和を等比級数あるいは幾何級数といいます．［数列自身のことを級数ということもあります．］

等比級数の3つの連続する項 a_k, a_{k+1}, a_{k+2} について

$$a_{k+1} = \sqrt{a_k a_{k+2}}$$

が成立します．

この関係式の証明はかんたんです．等比級数であるから

$$\frac{a_{k+1}}{a_k} = \frac{a_{k+2}}{a_{k+1}}$$

したがって

$${a_{k+1}}^2 = a_k a_{k+2}$$

この式の両辺の平方根をとって，

$$a_{k+1} = \sqrt{a_k a_{k+2}}$$

が得られるわけです．［ここでは，正数だけを考えます．］

このとき，a_{k+1} は2つの数 a_k, a_{k+2} の幾何平均といいます．一般に2つの数 a, b の幾何平均 c はつぎの式で与えられます．

$$c = \sqrt{ab}$$

練習問題　つぎの2つの数の幾何平均を計算しなさい．

(2, 8)，(6, 8)，(5, 7)，(3, 11)，(1, 100)

$\left(\frac{1}{3}, \frac{1}{2}\right)$，　$\left(\frac{1}{2}, \frac{1}{3}\right)$，　$(a+b, a-b)$　$[a>b]$

$\left((a+b)^2, (a-b)^2\right)$，　$\left(\frac{a}{b}, \frac{b}{a}\right)$

$\left(\frac{1}{a}, \frac{1}{b}\right)$，　$\left(a+b, \frac{1}{a+b}\right)$，　$\left(\frac{1}{(a+b)^2}, \frac{1}{(a-b)^2}\right)$

r を公比とよびます．

等比数列はつぎのようにあらわすこともできます．

$$\left\{a,\ ar,\ \cdots,\ ar^{k-1},\ \cdots,\ ar^{n-2},\ ar^{n-1}\right\}$$

このとき，等比数列の和 S_n は

$$S_n = \sum_{k=1,\cdots,n} ar^{k-1} = a + ar + \cdots + ar^{k-1} + \cdots + ar^{n-2} + ar^{n-1}$$

によって与えられます．

この等比数列の和 S_n は，つぎのようにして計算することができます．まず，上の S_n の式の両辺を r 倍します．

$$rS_n = r\sum_{k=1,\cdots,n} ar^{k-1} = \sum_{k=1,\cdots,n} ar^k$$
$$= ar + ar^2 + \cdots + ar^k + \cdots + ar^{n-1} + ar^n$$

128ページ(上)の練習問題の答え

略

128ページ(下)の練習問題の答え

(1)　1495　(2)　3588　(3)　660
(4)　304　(5)　$101a+30300$
(6)　$101a-30300$

S_n の式から rS_n の式を差し引き，各項を1つずつずらして計算すれば，

$$S_n - rS_n = \sum_{k=1,\cdots,n} ar^{k-1} - \sum_{k=1,\cdots,n} ar^k = a - ar^n$$

$$(1-r)S_n = a(1-r^n)$$

$$S_n = a\frac{1-r^n}{1-r}$$

等比級数にかんして，つぎの公式が求められたわけです．

等比級数 S_n の公式　等比級数

$$S_n = \sum_{k=1,\cdots,n} ar^{k-1} = a + ar + \cdots + ar^{k-1} + \cdots + ar^{n-2} + ar^{n-1}$$

について

$$S_n = a\frac{1-r^n}{1-r} \qquad (r \neq 1)$$

この公式は，つぎのようにしても証明できます．まず，上の等比級数 S_n の公式が，$n=1$ のときに正しいことは明らかです．

$$S_1 = a\frac{1-r}{1-r} = a$$

つぎに，上の等比級数 S_n の公式が，ある整数 n のときに正しいと仮定して，$n+1$ のときに正しいことを示します．

$$S_{n+1} = \sum_{k=1,\cdots,n+1} ar^{k-1} = \sum_{k=1,\cdots,n} ar^{k-1} + ar^n$$

$$= a\frac{1-r^n}{1-r} + ar^n = a\frac{1-r^n+(1-r)r^n}{1-r} = a\frac{1-r^{n+1}}{1-r}$$

つまり，上の等比級数の公式が $n+1$ のときに正しいことが示されたわけです．

このようにして，上の等比級数 S_n の公式は，$n=1$ のときに正しく，また，ある整数 n のときに正しいと仮定すれば，$n+1$ のときに正しいことが示されました．したがって，上の等比級数 S_n の公式がすべての整数 n について正しいことが証明されたわけです．

練習問題　つぎの等比級数の値を，公式を使わないで自分で考えて計算しなさい．

(1)　$5+10+20+\cdots+2560+5120$

(2)　$5-10+20-40+\cdots-2560+5120$

(3)　$S_n = 5+5\times\frac{1}{2}+5\times\frac{1}{2^2}+\cdots+5\times\frac{1}{2^{n-2}}+5\times\frac{1}{2^{n-1}}$

(4)　$S_n = 1+\frac{1}{3}+\frac{1}{3^2}+\cdots+\frac{1}{3^{n-2}}+\frac{1}{3^{n-1}}$

(5)　$S_n = 1+3+3^2+\cdots+3^{n-2}+3^{n-1}$

(6)　$S_{1000} = 1+\frac{1}{10}+\frac{1}{10^2}+\cdots+\frac{1}{10^{998}}+\frac{1}{10^{999}}$

無限級数について

上の練習問題(6)を取り上げてみましょう．

$$S_{1000} = 1+\frac{1}{10}+\frac{1}{10^2}+\cdots+\frac{1}{10^{998}}+\frac{1}{10^{999}}$$

この値の計算は，例の通り，つぎのようにして求めます．

$$\frac{1}{10}S_{1000} = \frac{1}{10}+\frac{1}{10^2}+\cdots+\frac{1}{10^{999}}+\frac{1}{10^{1000}}$$

$$S_{1000}-\frac{1}{10}S_{1000} = 1-\frac{1}{10^{1000}}$$

$$\left(1-\frac{1}{10}\right)S_{1000} = 1-\frac{1}{10^{1000}}$$

$$S_{1000} = \frac{1-\frac{1}{10^{1000}}}{1-\frac{1}{10}} = \frac{1}{1-\frac{1}{10}}-\frac{\frac{1}{10^{1000}}}{1-\frac{1}{10}}$$

このとき

$$\frac{1}{1-\frac{1}{10}}-S_{1000} = \frac{\frac{1}{10^{1000}}}{1-\frac{1}{10}}$$

となって，ほとんど0といってもよいほど小さい数です．

また，上の練習問題(4)を取り上げてみましょう．

$$S_n = 1+\frac{1}{3}+\frac{1}{3^2}+\cdots+\frac{1}{3^{n-2}}+\frac{1}{3^{n-1}}$$

この S_n の値の計算もかんたんです．

130ページの練習問題の答え

$4,\ 4\sqrt{3},\ \sqrt{35},\ \sqrt{33},\ 10,\ \frac{\sqrt{6}}{6},\ \frac{\sqrt{6}}{6},\ \sqrt{a^2-b^2},$

$a^2-b^2,\ 1,\ \frac{\sqrt{ab}}{ab},\ 1,\ \frac{1}{a^2-b^2}$

$$\frac{1}{3}S_n = \frac{1}{3}+\frac{1}{3^2}+\cdots+\frac{1}{3^{n-1}}+\frac{1}{3^n}$$

$$\left(1-\frac{1}{3}\right)S_n = 1-\frac{1}{3^n}$$

$$S_n = \frac{1-\dfrac{1}{3^n}}{1-\dfrac{1}{3}} = \frac{1}{1-\dfrac{1}{3}}-\frac{\dfrac{1}{3^n}}{1-\dfrac{1}{3}} = \frac{3}{2}-\frac{1}{2}\,\frac{1}{3^{n-1}}$$

したがって

$$\left|S_n-\frac{3}{2}\right| = \frac{1}{2}\,\frac{1}{3^{n-1}}$$

ここで，$|\ \ |$ は絶対値をあらわす記号です．たとえば

$$|5| = 5, \quad |-5| = 5, \quad \left|\frac{1}{3}\right| = \frac{1}{3}, \quad \left|-\frac{1}{3}\right| = \frac{1}{3}$$

練習問題(4)の等比級数の項数 n が大きくなればなるほど，$\dfrac{1}{2}\dfrac{1}{3^{n-1}}$ の大きさは小さくなり，$\left|S_n-\dfrac{3}{2}\right|$ の大きさはどんどん 0 に近くなります．数学の言葉を使えば，n が無限に大きくなるとき，$\left|S_n-\dfrac{3}{2}\right|$ はかぎりなく 0 に近づくというわけです．あるいは，もっと専門的な言葉を使うと，n が無限大 $+\infty$ に近づくとき，$\left|S_n-\dfrac{3}{2}\right|$ は 0 に収斂（しゅうれん）するということになります．記号であらわすと

$$\lim_{n\to+\infty}\left|S_n-\frac{3}{2}\right| = 0$$

「n が無限大 $+\infty$ に近づくときの $\left|S_n-\dfrac{3}{2}\right|$ の極限は 0 である」とよんで

$$\lim_{n\to+\infty} S_n = \frac{3}{2}$$

のようにあらわします．

このとき，無限(等比)級数は収斂するといい，

$$1+\frac{1}{3}+\cdots+\frac{1}{3^{n-1}}+\cdots = \frac{3}{2}$$

と記します．

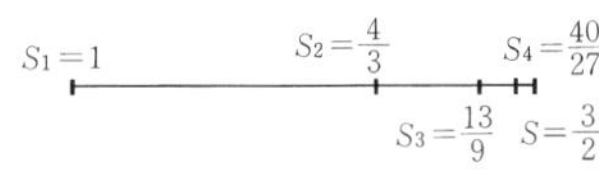

図 9-2-1

図には，S_n の値が示してあります．n が大きくなると，S_n がかぎりなく $\dfrac{3}{2}$ に近づくことがわかるでしょう．

極限の英語は Limit(ある一定区域の境界)です．lim は Limit を略したものです．$+\infty$ は正の無限大を意味し，∞ ともあらわします．負の無限大は $-\infty$ という記号を使います．「収斂する」というのはむずかしい言葉ですが，英語の Convergent(少しずつ 1 点に集中する)の訳語です．Convergent の対語は Divergent(1 点から末広形に分岐する)で，数学では「発散する」と訳しています．

練習問題(4)の等比級数についてあらわすと

$$\lim_{n\to+\infty}\sum_{k=1,\cdots,n}\frac{1}{3^{n-1}}=\frac{3}{2}$$

あるいは

$$\sum_{k=1,\cdots,\infty}\frac{1}{3^{n-1}}=\frac{3}{2}$$

とあらわしたり，

$$1+\frac{1}{3}+\cdots+\frac{1}{3^{n-1}}+\cdots=\frac{3}{2}$$

と書いたりします．

練習問題　つぎの各無限等比級数が収斂することを示し，その値 S を計算しなさい．

(1)　$S=1+\dfrac{1}{2}+\dfrac{1}{2^2}+\cdots+\dfrac{1}{2^{n-1}}+\cdots$

(2)　$S=1+\left(-\dfrac{1}{2}\right)+\left(-\dfrac{1}{2}\right)^2+\cdots+\left(-\dfrac{1}{2}\right)^{n-1}+\cdots$

(3)　$S=1+\left(-\dfrac{1}{3}\right)+\left(-\dfrac{1}{3}\right)^2+\cdots+\left(-\dfrac{1}{3}\right)^{n-1}+\cdots$

(4)　$S=1+\dfrac{1}{10}+\dfrac{1}{10^2}+\cdots+\dfrac{1}{10^{n-1}}+\cdots$

(5)　$S=1+\left(-\dfrac{1}{10}\right)+\left(-\dfrac{1}{10}\right)^2+\cdots+\left(-\dfrac{1}{10}\right)^{n-1}+\cdots$

(6)　$S=1+\dfrac{9}{10}+\left(\dfrac{9}{10}\right)^2+\cdots+\left(\dfrac{9}{10}\right)^{n-1}+\cdots$

131 ページの練習問題の答え

(1)　10235　　(2)　3415

(3)　$10\left(1-\dfrac{1}{2^n}\right)$　　(4)　$\dfrac{3}{2}\left(1-\dfrac{1}{3^n}\right)$

(5)　$\dfrac{3^n-1}{2}$　　(6)　$\dfrac{10}{9}\left(1-\dfrac{1}{10^{1000}}\right)$

$$S_n = 1+3+3^2+\cdots+3^{n-2}+3^{n-1}$$

この等比級数の計算はかんたんです.

$$3\times S_n = 3+3^2+3^3+\cdots+3^{n-1}+3^n$$

$$(3-1)S_n = 3^n-1$$

$$S_n = \frac{3^n}{2}-\frac{1}{2}$$

$$\lim_{n\to+\infty} S_n = \lim_{n\to+\infty}\left(\frac{3^n}{2}-\frac{1}{2}\right) = +\infty$$

このとき，無限等比級数

$$S = 1+3+3^2+\cdots+3^{n-1}+\cdots$$

は発散するといいます.

この無限等比級数が発散することは，もっとかんたんに示すことができます．いま，つぎの無限等比級数を考えます.

$$S = 1+1+1+\cdots+1+\cdots$$

つまり，すべての項が 1 に等しいような無限等比級数です．この無限等比級数の最初の n 項の和を S_n とすれば

$$S_n = 1+1+1+\cdots+1 \qquad [1\text{ が } n \text{ 個}]$$

$$S_n = n$$

したがって，この無限等比級数は発散します.

$$\lim_{n\to+\infty} S_n = \lim_{n\to+\infty} n = +\infty$$

ところが，無限等比級数

$$S = 1+3+3^2+\cdots+3^{n-1}+\cdots$$

の各項について

$$1 = 1, \quad 3 > 1, \quad 3^2 > 1, \quad \cdots, \quad 3^{n-1} > 1$$

$$1+3+3^2+\cdots+3^{n-1} > 1+1+1+\cdots+1$$

$$\lim_{n\to+\infty}\left(1+3+3^2+\cdots+3^{n-1}\right) \geqq \lim_{n\to+\infty}(1+1+1+\cdots+1)$$

$$= +\infty$$

$$1+3+3^2+\cdots+3^{n-1}+\cdots = +\infty$$

この無限等比級数が発散することが示されたわけです.

練習問題　つぎの無限等比級数が発散することを示しなさい.

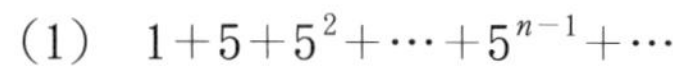

(1)　$1+5+5^2+\cdots+5^{n-1}+\cdots$

(2)　$1+10+10^2+\cdots+10^{n-1}+\cdots$

(3)　$1+\dfrac{3}{2}+\left(\dfrac{3}{2}\right)^2+\cdots+\left(\dfrac{3}{2}\right)^{n-1}+\cdots$

(4)　$1+1.02+1.02^2+\cdots+1.02^{n-1}+\cdots$

(5)　$1+(-1)+(-1)^2+\cdots+(-1)^{n-1}+\cdots$

(6)　$1+(-3)+(-3)^2+\cdots+(-3)^{n-1}+\cdots$

上の練習問題のうち，問題(5),(6)は，多少複雑です．たとえば，問題(5)を取り上げてみましょう．

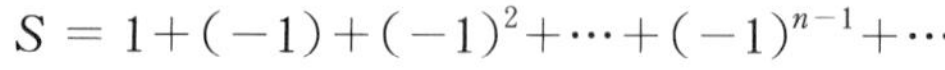

$$S=1+(-1)+(-1)^2+\cdots+(-1)^{n-1}+\cdots$$

最初の n 項の和を S_n とおきます．

$$S_n=1+(-1)+(-1)^2+\cdots+(-1)^{n-1}$$

このとき，n が偶数の場合と奇数の場合とに分けて計算してみます．

n が偶数の場合：$n=2m$

$$\begin{aligned}S_{2m}&=1+(-1)+(-1)^2+\cdots+(-1)^{2m-1}\\&=(1-1)+(1-1)+\cdots+(1-1)=0\end{aligned}$$

n が奇数の場合：$n=2m+1$

$$\begin{aligned}S_{2m+1}&=1+(-1)+(-1)^2+\cdots+(-1)^{2m}\\&=(1-1)+(1-1)+\cdots+(1-1)+1=1\end{aligned}$$

したがって

$$\lim_{m\to+\infty}S_{2m}=0,\qquad \lim_{m\to+\infty}S_{2m+1}=1$$

となってしまって，

$$\lim_{n\to+\infty}S_n=1+(-1)+(-1)^2+\cdots+(-1)^{n-1}+\cdots$$

の値は一意的に決まってきません．つまり，無限等比級数

$$1+(-1)+(-1)^2+\cdots+(-1)^{n-1}+\cdots$$

は収斂もしなければ，無限大に発散もしないという不可解なものです．

このことは，もう1つの無限等比級数

$$1+(-3)+(-3)^2+\cdots+(-3)^{n-1}+\cdots$$

についても，まったく同じです．［もっとも，この無限等比級数の方がもっと不可解な行動をとります．］

134ページの練習問題の答え

(1)　2　　(2)　$\dfrac{2}{3}$　　(3)　$\dfrac{3}{4}$

(4)　$\dfrac{10}{9}$　　(5)　$\dfrac{10}{11}$

(6)　10

収斂する無限等比級数のエレガントな計算法

つぎの無限等比級数を，2つの部分に分けて考えます．

$$\begin{aligned} S &= 1+r+r^2+\cdots+r^{n-1}+r^n+\cdots \\ &= 1+(r+r^2+\cdots+r^{n-1}+r^n+\cdots) \\ &= 1+r(1+r+\cdots+r^{n-2}+r^{n-1}+\cdots) \end{aligned}$$

したがって

$$\begin{aligned} S &= 1+rS \\ (1-r)S &= 1 \\ S &= \frac{1}{1-r} \end{aligned}$$

循環小数

2, 4, 5, 8, 10, 16, … を分母とする分数は小数であらわすことができますが，分数は一般に単純な小数の形にあらわすことはできません．たとえば

$$\frac{1}{7} = 0.142857142857142857\cdots$$

は 142857 がどこまでもくり返しつづく小数になります．このような小数を循環小数といって，$0.\overline{142857}$ とあらわします：

$\frac{1}{7}=0.\overline{142857}.$

練習問題 つぎの分数を循環小数の形にあらわしなさい．

$$\frac{1}{3},\quad \frac{1}{6},\quad \frac{1}{9},\quad \frac{5}{7},\quad \frac{18}{11},\quad \frac{42}{13}$$

これまでお話ししてきた等比級数の考え方を使うと，循環小数はかならず分数としてあらわされることを証明することができます．たとえば，$0.\overline{3}$ を取り上げます．

$$0.\overline{3} = 0.333333\cdots = \frac{3}{10}\times 1.11111\cdots$$

$$\begin{aligned} 1.11111\cdots &= 1+0.1+0.01+0.001+0.0001+0.00001+\cdots \\ &= 1+\frac{1}{10}+\frac{1}{10^2}+\frac{1}{10^3}+\frac{1}{10^4}+\frac{1}{10^5}+\cdots \end{aligned}$$

$$
= \frac{1}{1-\frac{1}{10}} = \frac{10}{9}
$$

$$
0.\overline{3} = \frac{3}{10} \times 1.11111\cdots = \frac{3}{10} \times \frac{10}{9} = \frac{1}{3}
$$

練習問題

(1)　つぎの分数の循環小数の表現が正しいことを証明しなさい.

$$
\frac{1}{7} = 0.\overline{142857}, \quad \frac{1}{6} = 0.1\overline{6}, \quad \frac{1}{9} = 0.\overline{1},
$$

$$
\frac{5}{7} = 0.\overline{714285}, \quad \frac{18}{11} = 1.\overline{63}, \quad \frac{42}{13} = 3.\overline{230769}
$$

(2)　つぎの循環小数を分数の形にあらわしなさい.

$0.\overline{5}$,　$0.\overline{36}$,　$0.\overline{63}$,　$0.\overline{504273}$,

$0.291\overline{6}$,　$3.\overline{428571}$

調和級数 ☆

調和級数

つぎの数列を調和数列といいます.

$$
\left\{1,\ \frac{1}{2},\ \frac{1}{3},\ \cdots,\ \frac{1}{n},\ \cdots\right\}
$$

調和級数は

$$
S = \sum_{n=1}^{\infty} \frac{1}{n} = 1 + \frac{1}{2} + \frac{1}{3} + \cdots + \frac{1}{n} + \cdots
$$

によって与えられるわけですが，その値は $+\infty$ になります. つまり，調和級数は発散します.

$$
S = +\infty
$$

調和級数が発散することを証明するために，つぎのような

135 ページの練習問題の答え

略

137 ページの練習問題の答え

$0.\overline{3}$,　$0.1\overline{6}$,　$0.\overline{1}$,　$0.\overline{714285}$,　$1.\overline{63}$,　$3.\overline{230769}$

組み分けを考えます．まず，第 1 項 1 はそのままとします．2 番目に第 2 項と第 3 項を 1 つのグループにして，その和をとります．［第 3 項までとるのは，$3=2^2-1$ だからです．］

$$\frac{1}{2}+\frac{1}{3}$$

この各項は，第 4 項 $\frac{1}{4}$ より大きいわけですから

$$\frac{1}{2}+\frac{1}{3}>\frac{1}{4}+\frac{1}{4}=\frac{1}{2}$$

3 番目には，第 4 項$(4=2^2)$から第 7 項$(7=2^3-1)$まで $2^3-2^2=2^2$ 項の和をとって，各項を第 8 項 $\frac{1}{8}$ と比べます．

$$\frac{1}{4}+\frac{1}{5}+\frac{1}{6}+\frac{1}{7}>\frac{1}{8}+\frac{1}{8}+\frac{1}{8}+\frac{1}{8}=2^2\times\frac{1}{8}=\frac{1}{2}$$

一般に，n 番目のグループは，第 2^{n-1} 項から第 2^n-1 項までの和をとって，各項を第 2^n 項 $\frac{1}{2^n}$ と比べます．

$$\frac{1}{2^{n-1}}+\cdots+\frac{1}{2^n-1}>\frac{1}{2^n}+\cdots+\frac{1}{2^n}$$

n 番目のグループの項数は

$$2^n-2^{n-1}=2^{n-1}$$

ですから

$$\frac{1}{2^{n-1}}+\cdots+\frac{1}{2^n-1}>2^{n-1}\times\frac{1}{2^n}=\frac{1}{2}$$

このようにして

$$S=\sum_{n=1}^{\infty}\frac{1}{n}=1+\left(\frac{1}{2}+\frac{1}{3}\right)+\cdots+\left(\frac{1}{2^{n-1}}+\cdots+\frac{1}{2^n-1}\right)+\cdots$$

$$>1+\frac{1}{2}+\frac{1}{2}+\cdots+\frac{1}{2}+\cdots$$

したがって

$$S=\sum_{n=1}^{\infty}\frac{1}{n}=+\infty$$

となって，調和級数は発散します．

$$\left\{1,\ \frac{1}{2},\ \frac{1}{3},\ \cdots,\ \frac{1}{n},\ \cdots\right\}$$

を調和級数とよぶのは，つぎのような事情からです．調和級

数を一般的な記号を使ってあらわします．

$$\{a_1,\ a_2,\ \cdots,\ a_n,\ \cdots\},\qquad a_n=\frac{1}{n}$$

このとき

$$\frac{1}{a_n}=n$$

$$\left\{\frac{1}{a_1},\ \frac{1}{a_2},\ \cdots,\ \frac{1}{a_n},\ \cdots\right\}$$

は等差数列となり，$\frac{1}{a_n}$ は $\frac{1}{a_{n-1}}$ と $\frac{1}{a_{n+1}}$ の算術平均となります．

$$\frac{1}{a_n}=\frac{1}{2}\left(\frac{1}{a_{n-1}}+\frac{1}{a_{n+1}}\right)$$

このとき，a_n は a_{n-1} と a_{n+1} の調和平均といいます．

一般に 2 つの数 a, b の調和平均 c は，c の逆数が a, b の逆数の算術平均となっているときです．

$$\frac{1}{c}=\frac{1}{2}\left(\frac{1}{a}+\frac{1}{b}\right),\qquad c=\frac{2ab}{a+b}$$

練習問題　つぎの 2 つの数の調和平均を計算しなさい．

$(2,\ 8)$,　$(6,\ 8)$,　$(5,\ 7)$,　$(3,\ 11)$,　$(1,\ 100)$

$\left(\frac{1}{3},\ \frac{1}{2}\right)$,　$\left(\frac{1}{2},\ \frac{1}{3}\right)$,　$(a+b,\ a-b)$

$\left((a+b)^2,\ (a-b)^2\right)$,　$\left(\frac{a}{b},\ \frac{b}{a}\right)$

$\left(\frac{1}{a},\ \frac{1}{b}\right)$,　$\left(a+b,\ \frac{1}{a+b}\right)$,　$\left(\frac{1}{(a+b)^2},\ \frac{1}{(a-b)^2}\right)$

調和級数

$$S=\sum_{n=1}^{\infty}\frac{1}{n}=1+\frac{1}{2}+\frac{1}{3}+\cdots+\frac{1}{n}+\cdots$$

が発散すること，つまり

$$S=+\infty$$

となることを証明したわけですが，この命題を使って，もっと複雑な無限級数の性質を導き出すことができます．

例題　つぎのベルヌーイの無限級数が発散することを証明し

138 ページの練習問題の答え

(1)　略

(2)　$\frac{5}{9},\ \frac{4}{11},\ \frac{7}{11},\ \frac{59}{117},\ \frac{7}{24},\ \frac{24}{7}$

なさい.

$$1+\frac{1}{\sqrt{2}}+\frac{1}{\sqrt{3}}+\cdots+\frac{1}{\sqrt{n}}+\cdots$$

解答　$n>1$ のとき

$$\sqrt{n}<n,\quad \frac{1}{\sqrt{n}}>\frac{1}{n}$$

したがって

$$1+\frac{1}{\sqrt{2}}+\frac{1}{\sqrt{3}}+\cdots+\frac{1}{\sqrt{n}}>1+\frac{1}{2}+\frac{1}{3}+\cdots+\frac{1}{n}$$

$$\sum_{n=1}^{\infty}\frac{1}{n}=+\infty \quad\Rightarrow\quad \sum_{n=1}^{\infty}\frac{1}{\sqrt{n}}=+\infty$$

Q. E. D.

練習問題　つぎの無限級数が発散することを証明しなさい.

(1)　$1+\frac{1}{3}+\frac{1}{5}+\cdots+\frac{1}{2n-1}+\cdots$

(2)　$\frac{1}{2}+\frac{2}{3}+\frac{3}{4}+\cdots+\frac{n}{n+1}+\cdots$

(3)　$1+\frac{1}{\sqrt[3]{2}}+\frac{1}{\sqrt[3]{3}}+\cdots+\frac{1}{\sqrt[3]{n}}+\cdots$

($\sqrt[3]{2}, \sqrt[3]{3}, \sqrt[3]{n}$ は，それぞれ 3 乗して $2, 3, n$ になる数です.)

第9章　等差級数と等比級数　問　題

問題1　項の数が n 個あるような等差数列の最初の項を a とし，最後の項を b とすれば，この等差数列の和 S はつぎの式によって与えられることを証明しなさい．

$$S=\frac{a+b}{2}\times n=\frac{(a+b)n}{2}$$

問題2　項の数が n 個あるような等差数列の最初の項は 8 で，最後の項は 50 である．その和は 435 であるという．項の数 n を求めよ．

問題3　最初の項が 8，項の数が 30 個であるような等差数列の和が -630 であるという．公差を求めよ．

問題4　n を正の整数とするとき，次の関係式を証明しなさい．

$$(2\times\overline{n+1}-1)+(2\times\overline{n+2}-1)+\cdots$$
$$+(2\times\overline{2n-1}-1)+(2\times 2n-1)=3n^2$$

問題5☆　m,n を 2 つの正の整数とし，$m>n$ とするとき，次の関係式を証明しなさい．

$$(2\times\overline{n+1}-1)+(2\times\overline{n+2}-1)+\cdots$$
$$+(2\times\overline{m-1}-1)+(2m-1)=(m+n)(m-n)$$

問題6　n を正の整数とするとき，次の関係式を証明しなさい．

$$1^2+2^2+\cdots+(n-1)^2+n^2=\frac{1}{6}n(n+1)(2n+1)$$

問題7　つぎの無限等比級数が収斂するか，無限大に発散するか，あるいはそのどちらでもないかをみて，収斂する場合には，その値を計算せよ．

(1)　$S=1+10+10^2+\cdots+10^{n-2}+10^{n-1}+\cdots$

(2)　$S=5+5\times\left(-\frac{1}{2}\right)+5\times\left(-\frac{1}{2}\right)^2+\cdots$
$$+5\times\left(-\frac{1}{2}\right)^{n-2}+5\times\left(-\frac{1}{2}\right)^{n-1}+\cdots$$

(3)　$S=1+\left(-\frac{1}{3}\right)+\left(-\frac{1}{3}\right)^2+\cdots$

140 ページの練習問題の答え

$\frac{16}{5}$, $\frac{48}{7}$, $\frac{35}{6}$, $\frac{33}{7}$, $\frac{200}{101}$, $\frac{2}{5}$, $\frac{2}{5}$, $\frac{a^2-b^2}{a}$, $\frac{\left(a^2-b^2\right)^2}{a^2+b^2}$, $\frac{2ab}{a^2+b^2}$, $\frac{2}{a+b}$, $\frac{2(a+b)}{(a+b)^2+1}$, $\frac{1}{a^2+b^2}$

141 ページの練習問題の答え

略

$$+\left(-\frac{1}{3}\right)^{n-2}+\left(-\frac{1}{3}\right)^{n-1}+\cdots$$

(4) $S=1+\left(-\frac{9}{10}\right)+\left(-\frac{9}{10}\right)^2+\cdots$

$$+\left(-\frac{9}{10}\right)^{n-1}+\left(-\frac{9}{10}\right)^n+\cdots$$

(5) $S=1+3+3^2+\cdots+3^{n-2}+3^{n-1}+\cdots$

(6) $S=1+(-3)+(-3)^2+\cdots+(-3)^{n-2}+(-3)^{n-1}+\cdots$

問題 8 a, b, c が等比数列をなすとき

$$\frac{1}{a+b},\quad \frac{1}{2b},\quad \frac{1}{b+c}$$

は等差数列となることを証明せよ.

問題 9 等比数列の n 項, $2n$ 項, $3n$ 項までの和をそれぞれ S_n, S_{2n}, S_{3n} とするとき

$$\left(S_n\right)^2+\left(S_{2n}\right)^2=S_n\left(S_{2n}+S_{3n}\right)$$

が成立することを証明せよ.

問題 10 つぎの数列の和の公式を証明せよ.

$$1+2r+3r^2+\cdots+kr^{k-1}+\cdots+(n-1)r^{n-2}+nr^{n-1}$$
$$=\frac{1-r^n}{(1-r)^2}-n\frac{r^n}{1-r}$$

問題 11☆ つぎの無限級数の公式を証明せよ.

$$1+2r+3r^2+\cdots+(n-1)r^{n-2}+nr^{n-1}+\cdots$$
$$=\frac{1}{(1-r)^2}\qquad(|r|<1)$$

第 10 章
不等式を証明する

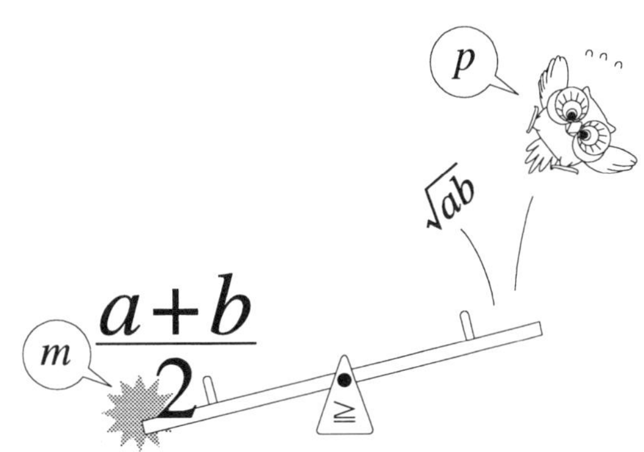

算術平均と幾何平均

数学の用語でよく使われるのが，算術平均と幾何平均という言葉です．第 9 章でお話ししたように 2 つの正数 a, b の算術平均 m，幾何平均 p はつぎのように定義されます．

$$m = \frac{a+b}{2}, \qquad p = \sqrt{ab}$$

このとき，算術平均 m は幾何平均 p より大きいか，等しくなっています．

$$m = \frac{a+b}{2} \geqq p = \sqrt{ab}$$

この不等式は，ほかの自然科学の分野でもたいへん便利であるだけでなく，数学全般にわたって重要な役割をはたします．この章では，この他に，いくつかのかんたんな不等式を取り上げて，その証明のしかたについてお話しします．しかし，もっとむずかしい不等式は，第 5 巻『関数をしらべる―微分法』の知識を必要とします．

1

算術平均・幾何平均・調和平均

2つの数 a, b の算術平均 m はつぎの式で定義されます．

$$m = \frac{a+b}{2}$$

また，2つの正数 a, b の幾何平均 p はつぎの式で定義されます．

$$p = \sqrt{ab}$$

いくつかの正数の数値例 (a, b) について，算術平均 m と幾何平均 p を計算してみましょう．

$(a, b) = (3, 5)$

$$m = \frac{3+5}{2} = 4, \qquad p = \sqrt{3 \times 5} = \sqrt{15}$$

$(a, b) = (4, 9)$

$$m = \frac{4+9}{2} = \frac{13}{2}, \qquad p = \sqrt{4 \times 9} = 6$$

$(a, b) = (3, 9)$

$$m = \frac{3+9}{2} = 6, \qquad p = \sqrt{3 \times 9} = 3\sqrt{3}$$

$(a, b) = (5, 5)$

$$m = \frac{5+5}{2} = 5, \qquad p = \sqrt{5 \times 5} = 5$$

このとき，算術平均 m は幾何平均 p より大きいか，等しくなっています．

$$m = \frac{a+b}{2} \geqq p = \sqrt{ab}$$

この性質は一般の正数 a, b について成立します．このことを証明するために

$$a = x^2, \qquad b = y^2$$

となるような x, y をとります．このような x, y は，ともに正数または負数であるならば，正数であっても，負数であってもかまいません．

$$x=\pm\sqrt{a},\quad y=\pm\sqrt{b}$$

$$m-p=\frac{a+b}{2}-\sqrt{ab}=\frac{x^2+y^2}{2}-xy$$

$$=\frac{1}{2}\left(x^2+y^2-2xy\right)=\frac{1}{2}(x-y)^2\geqq 0$$

Q. E. D.

この証明からすぐわかるように，算術平均 m が幾何平均 p と等しくなるのは，x と y が等しい場合，すなわち a と b が等しい場合だけです．a と b が異なる場合には，算術平均 m は幾何平均 p より大きくなっています．

2 つの正数 a, b の調和平均 h は，h の逆数が a, b の逆数の算術平均となっているときです．

$$\frac{1}{h}=\frac{1}{2}\left(\frac{1}{a}+\frac{1}{b}\right)$$

$$h=\frac{2ab}{a+b}$$

上にあげた正数の数値例 (a, b) について，調和平均 h を計算して，算術平均 m，幾何平均 p とならべてみます．

$(a, b)=(3, 5)$

$$m=\frac{3+5}{2}=4,\quad p=\sqrt{3\times5}=\sqrt{15},\quad h=\frac{2\times3\times5}{3+5}=\frac{15}{4}$$

$(a, b)=(4, 9)$

$$m=\frac{4+9}{2}=\frac{13}{2},\quad p=\sqrt{4\times9}=6,\quad h=\frac{2\times4\times9}{4+9}=\frac{72}{13}$$

$(a, b)=(3, 9)$

$$m=\frac{3+9}{2}=6,\quad p=\sqrt{3\times9}=\sqrt{27},\quad h=\frac{2\times3\times9}{3+9}=\frac{9}{2}$$

$(a, b)=(5, 5)$

$$m=\frac{5+5}{2}=5,\quad p=\sqrt{5\times5}=5,\quad h=\frac{2\times5\times5}{5+5}=5$$

一般に，調和平均 h は幾何平均 p より小さいか，等しくなります．この性質はつぎのように証明することができます．

$$p-h=\sqrt{ab}-\frac{2ab}{a+b}=\frac{2\sqrt{ab}}{a+b}\left(\frac{a+b}{2}-\sqrt{ab}\right)\geqq 0$$

このとき，等号が成立するのは a と b が等しい場合にかぎられます．

練習問題　つぎの 2 つの数 a, b の算術平均 m，幾何平均 p，調和平均 h を計算して，上の不等式が成り立つことをじっさいにたしかめなさい．

$(28,\ 35)$，　$\left(\frac{7}{15}, \frac{35}{48}\right)$，　$(\sqrt{5},\ \sqrt{17})$，　$\left(\sqrt{\frac{5}{14}}, \sqrt{\frac{3}{14}}\right)$

$(\sqrt{3}+\sqrt{2},\ \sqrt{3}-\sqrt{2})$，　$\left(\frac{1}{\sqrt{3}+\sqrt{2}}, \frac{1}{\sqrt{3}-\sqrt{2}}\right)$

2

不等式を証明する ☆

2 つの正数 a, b が与えられているとき，その算術平均 m，幾何平均 p，調和平均 h の間には，つぎの関係が成り立つことがわかりました．

$$m=\frac{a+b}{2} \geqq p=\sqrt{ab} \geqq h=\frac{2ab}{a+b}$$

このとき，等号が成立するのは a と b が等しい場合にかぎられます．

この関係式を使うと，いくつかの重要な不等式を証明することができます．

例題 1　$x>0$ のとき，

$$x+\frac{1}{x} \geqq 2$$

このとき，等号が成立するのは $x=1$ の場合にかぎられます．このことを証明しなさい．

解答　2 つの数 $x, \frac{1}{x}$ の算術平均 m，幾何平均 p はそれぞれ

$$m=\frac{1}{2}\left(x+\frac{1}{x}\right), \quad p=\sqrt{x\times\frac{1}{x}}=1$$

したがって

$$m = \frac{1}{2}\left(x+\frac{1}{x}\right) \geqq p = 1$$

$$x+\frac{1}{x} \geqq 2$$

ここで，等号が成立するのは

$$x = \frac{1}{x}$$

の場合にかぎられます．

もし等号が成立しているとすれば

$$x = \frac{1}{x}$$

$$x^2 = 1$$

$$x^2-1 = 0$$

$$(x-1)(x+1) = 0$$

$$x = 1 \quad \text{あるいは} \quad x = -1$$

$x>0$ だから，

$$x = 1$$ Q. E. D.

練習問題

(1)　例題 1 の不等式

$$x+\frac{1}{x} \geqq 2$$

を，幾何平均 p が調和平均 h より小さくないという関係式

$$p = \sqrt{ab} \geqq h = \frac{2ab}{a+b}$$

を使って証明しなさい．

(2)　a, b が正数のとき，

$$\frac{a}{b}+\frac{b}{a} \geqq 2$$

が成り立ち，このとき，等号が成立するのは a, b が等しい場合にかぎられることを証明しなさい．

例題 2　a, b, c（負数または 0 であってもよい）について

$$a^2+b^2+c^2 \geqq ab+bc+ca$$

ここで，等号が成立するのは a, b, c がすべて等しい場合にかぎられることを証明しなさい．

解答　つぎの不等式に注目します．

$$a^2+b^2-2ab=(a-b)^2 \geqq 0$$

等号が成立するのは a, b が等しい場合にかぎられます．

同じように

$$b^2+c^2-2bc=(b-c)^2 \geqq 0$$

等号が成立するのは，b, c が等しい場合にかぎられます．

$$c^2+a^2-2ca=(c-a)^2 \geqq 0$$

等号が成立するのは，c, a が等しい場合にかぎられます．

したがって，この3つの不等式の両辺を足し合わせると，

$$2\left(a^2+b^2+c^2-ab-bc-ca\right)=(a-b)^2+(b-c)^2+(c-a)^2 \geqq 0$$

$$a^2+b^2+c^2-ab-bc-ca \geqq 0$$

等号が成立するのは a, b, c が3つともが等しい場合にかぎられます．　Q. E. D.

練習問題　a, b, c が正数のとき

$$\frac{a}{bc}+\frac{b}{ca}+\frac{c}{ab} \geqq \frac{1}{a}+\frac{1}{b}+\frac{1}{c}$$

ここで，等号が成立するのは a, b, c がすべて等しい場合にかぎられます．このことを証明しなさい．

3つの正数 a, b, c についても，算術平均 m，幾何平均 p を定義することができます．

$$m=\frac{a+b+c}{3}, \qquad p=\sqrt[3]{abc}$$

［$p=\sqrt[3]{abc}$ は $p^3=abc$ を意味します．］

例題3　a, b, c が正数または0のとき，その算術平均 m は幾何平均 p より小さくない．

$$\frac{a+b+c}{3} \geqq \sqrt[3]{abc}$$

ここで，等号が成立するのは a, b, c がすべて等しい場合にかぎられます．このことを証明しなさい．

解答　3つの正数 x, y, z をつぎのように定義します．

148ページの練習問題の答え

略

149ページの練習問題の答え

(1)　$a=x$，$b=\dfrac{1}{x}$ として関係式に代入して，計算する．

(2)　$\dfrac{a}{b}, \dfrac{b}{a}$ の算術平均と幾何平均の関係を使う．

$$x=\sqrt[3]{a},\quad y=\sqrt[3]{b},\quad z=\sqrt[3]{c}$$
$$x^3=a,\quad y^3=b,\quad z^3=c$$
したがって，例題 3 はつぎの不等式を証明すればよいことになります．

$$x^3+y^3+z^3-3xyz \geqq 0$$

ここで，等号が成立するのは x, y, z がすべて等しい場合にかぎられます．

この不等式の左辺はつぎのように因数分解できます．

$$x^3+y^3+z^3-3xyz=(x+y+z)(x^2+y^2+z^2-xy-yz-zx)$$

この因数分解は，第 6 章で計算しましたが，念のため，繰り返しておきましょう．

$$\begin{aligned}x^3+y^3+z^3-3xyz &= (x^3+y^3)+z^3-3xyz\\ &= (x+y)^3-3xy(x+y)+z^3-3xyz\\ &= \{(x+y)^3+z^3\}-\{3xy(x+y)+3xyz\}\\ &= \{(x+y)+z\}\{(x+y)^2-(x+y)z+z^2\}\\ &\quad -3xy\{(x+y)+z\}\\ &= (x+y+z)\{(x^2+2xy+y^2)\\ &\quad -(x+y)z+z^2\}-3xy(x+y+z)\\ &= (x+y+z)\{(x^2+2xy+y^2)\\ &\quad -(x+y)z+z^2-3xy\}\\ &= (x+y+z)(x^2+y^2+z^2-xy-yz-zx)\end{aligned}$$

例題 2 の不等式を使って，

$$x^2+y^2+z^2-xy-yz-zx \geqq 0$$

ここで，等号が成立するのは x, y, z がすべて等しい場合にかぎられます．

$$x+y+z \geqq 0$$

だから，例題 3 の不等式が成立します．　　　　Q. E. D.

練習問題　(1), (2)を証明しなさい．

(1)　a, b, c が正数のとき

$$(a+b+c)\left(\frac{1}{a}+\frac{1}{b}+\frac{1}{c}\right) \geqq 9$$

ここで，等号が成立するのは a, b, c がすべて等しい場合にかぎられます．

(2)　a, b, c が正数のとき

$$(a+b+c)(ab+bc+ca) \geqq 9abc$$

ここで，等号が成立するのは a, b, c がすべて等しい場合にかぎります．

例題 4　つぎの条件をみたすような 2 つの数 x, y があります．

$$x+y=10,\qquad x,y\geqq 0$$

このような x, y のなかで，その積

$$xy$$

を最大にするようなものを求めなさい．

解答　つぎの不等式に注目します．

$$\frac{x+y}{2}\geqq\sqrt{xy}$$

ここで，等号が成立するのは x, y が等しい場合にかぎられます．

$$x+y=10,\qquad x,y\geqq 0$$

という制約条件をみたすような x, y について

$$\frac{x+y}{2}=\frac{10}{2}\geqq\sqrt{xy}$$

したがって，$\sqrt{xy}$ が最大になるのは

$$x=y=5$$

のときで，xy も最大になり

$$xy=5\times 5=25$$

練習問題

(1)　$$x+3y=10,\qquad x,y\geqq 0$$

をみたすような 2 つの数 x, y のなかで，その積 xy を最大にするようなものを求めなさい．

(2)　$$x^2+y^2=10,\qquad x,y\geqq 0$$

をみたすような 2 つの数 x, y のなかで，その積 xy を最大にするようなものを求めなさい．

150 ページの練習問題の答え

$\frac{a}{bc}+\frac{b}{ca}+\frac{c}{ab}=\frac{a^2+b^2+c^2}{abc}$，$\frac{1}{a}+\frac{1}{b}+\frac{1}{c}=\frac{bc+ca+ab}{abc}$ として考える．

151 ページの練習問題の答え

(1)　$\frac{a+b+c}{3}\geqq\sqrt[3]{abc}$ と $\frac{\frac{1}{a}+\frac{1}{b}+\frac{1}{c}}{3}\geqq\sqrt[3]{\frac{1}{a}\cdot\frac{1}{b}\cdot\frac{1}{c}}$ の両辺を掛けあわせる．

(2)　(1)の不等式を変形する．

第10章　不等式を証明する　**問　題**

つぎの問題1〜6の不等式を証明しなさい．

問題1　$x>0$ のとき

$$x+\frac{5}{x} \geqq 2\sqrt{5}$$

等号が成立するのは $x=\sqrt{5}$ の場合にかぎる．

問題2　問題1の不等式

$$x+\frac{5}{x} \geqq 2\sqrt{5}$$

を，つぎの関係式を使って証明しなさい．

$$p = \sqrt{ab} \geqq h = \frac{2ab}{a+b}$$

問題3　$x>0$ のとき

$$3x^2+5 \geqq 2\sqrt{15}x$$

等号が成立するのは $x=\dfrac{\sqrt{15}}{3}$ の場合にかぎる．

問題4　a, b, c, d について

$$a^2+b^2+c^2+d^2 \geqq \frac{2}{3}(ab+ac+ad+bc+bd+cd)$$

ここで，等号が成立するのは，a, b, c, d がすべて等しい場合にかぎる．

問題5☆　a, b, c, d が正数または0のとき，その算術平均 m は幾何平均 p より小さくない．

$$\frac{a+b+c+d}{4} \geqq \sqrt[4]{abcd}$$

等号が成立するのは，a, b, c, d がすべて等しい場合にかぎる．

[4つの正数 a, b, c, d についても，算術平均 m，幾何平均 p を定義することができます．

$$m = \frac{a+b+c+d}{4}, \qquad p = \sqrt[4]{abcd}$$

($p=\sqrt[4]{abcd}$ とは $p^4=abcd$ を意味します．)]

問題6　a, b, c, d が正数のとき

$$(a+b+c+d)\left(\frac{1}{a}+\frac{1}{b}+\frac{1}{c}+\frac{1}{d}\right) \geqq 16$$

等号が成立するのは a, b, c, d がすべて等しい場合にかぎる．

問題 7　$3x+5y=120$ をみたす x, y のなかで xy を最大にするような値を求めよ．

問題 8　$x+y=12$ をみたす x, y のなかで x^2+y^2 を最小にするような値を求めよ．

問題 9　$x+y=6$ をみたす x, y のなかで x^4+y^4 を最小にするような値を求めよ．

問題 10　$x+y+z=15$ をみたす x, y, z のなかで $x^2+y^2+z^2$ を最小にするような値を求めよ．

問題 11　$x+y+z=15$ をみたす x, y, z のなかで $x^4+y^4+z^4$ を最小にするような値を求めよ．

問題 12　$xyz=216$ をみたす x, y, z のなかで $x^3+y^3+z^3$ を最小にするような値を求めよ．$x, y, z>0$ とする．

152 ページの練習問題の答え

(1)　$x=5,\ y=\dfrac{5}{3}$

(2)　$x=y=\sqrt{5}$

第11章
素数と最大公約数

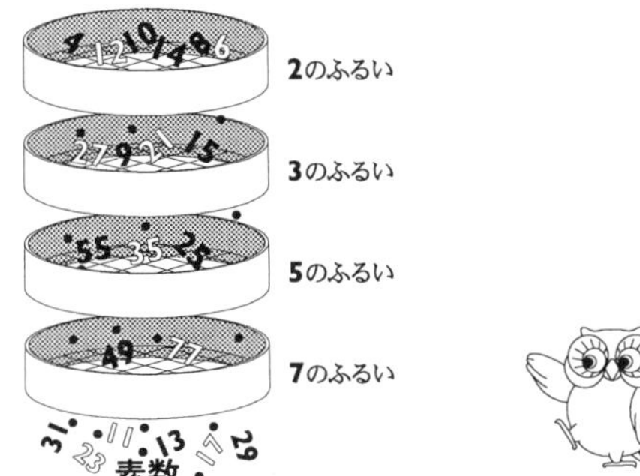

エラトステネスのふるい

最近のことですが，スーパー・コンピュータを使って百万桁の素数が発見されました．いくらでも大きな素数が存在するのでしょうか．あるいはある程度大きくなってしまうと，素数ではなくなってしまうのでしょうか．この章ではユークリッドの『原本』に沿って素数のお話をしたいと思いますが，素数の問題についても基礎的な考え方を最初に示したのはギリシアの大数学者エラトステネスでした．素数を見つけだすのにエラトステネスのふるいという方法があります．

いま，2以上の自然数を大きさの順にならべます．

$$2, 3, 4, 5, 6, 7, 8, 9, 10, 11, 12, 13, 14, 15, 16, 17,$$
$$18, 19, 20, 21, 22, 23, 24, 25, 26, 27, 28, 29, 30,$$
$$31, 32, 33, 34, 35, 36, 37, 38, 39, 40, 41, 42, \cdots$$

まず，2をのこし，のこりの数の中で2で割り切れる数をふるいにかけて，除きます．

$$2, 3, 5, 7, 9, 11, 13, 15, 17, 19, 21, 23,$$
$$25, 27, 29, 31, 33, 35, 37, 39, 41, \cdots$$

つぎに3をのこし，同じように3で割り切れる数を除きます．

$$2, 3, 5, 7, 11, 13, 17, 19, 23, 25, 29, 31, 35, 37, 41, \cdots$$

つづいて，5をのこし，5で割り切れる数を除きます．

$$2, 3, 5, 7, 11, 13, 17, 19, 23, 29, 31, 37, 41, \cdots$$

このようにつぎつぎにふるいにかけてのこった数が素数となるわけです．

1

素　数☆

バビロニア人は，60 とか 360 のように，たくさんの数で割り切れる数を好んでいましたが，同時に，7, 13, 29 のように，自分自身と 1 の他に割り切れる数をもたない数についても，興味をもっていました．このような数を素数といいます．素数を小さい数からならべると

2, 3, 5, 7, 11, 13, 17, 19, 23, 29, 31, 37, 41, 43, 47, 53, 59, 61, …

本で素数をしらべて，どんどん割ってためしてみましょう．

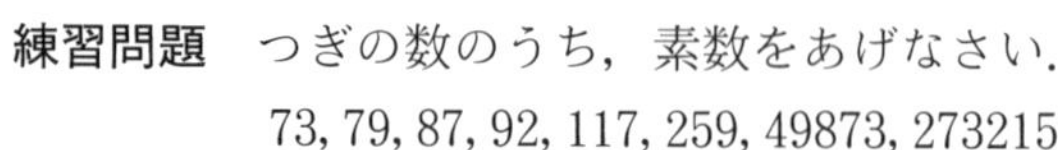

練習問題　つぎの数のうち，素数をあげなさい．

73, 79, 87, 92, 117, 259, 49873, 2732157

どんな数でも，素数の積としてあらわすことができます．たとえば，6552 という数を例にとってみましょう．

$$\begin{aligned}6552 &= 2\times3276 = 2\times2\times1638 = 2\times2\times2\times819\\ &= 2\times2\times2\times3\times273 = 2\times2\times2\times3\times3\times91\\ &= 2\times2\times2\times3\times3\times7\times13\end{aligned}$$

ここで

$$2\times2\times2 = 2^3, \quad 3\times3 = 3^2$$

のようにあらわすとすれば

$$6552 = 2^3\times3^2\times7\times13$$

このような表現を 6552 の素因数分解といいます．もっとかんたんな数について，素因数分解の例をあげておきます．

$6 = 2\times3,\quad 12 = 2^2\times3,\quad 75 = 3\times5^2,\quad 120 = 2^3\times3\times5$

練習問題　つぎの数を素因数に分解しなさい．

16, 28, 56, 64, 115, 128, 237, 526, 616, 1256, 3095

素数定理の証明

つぎの考え方を使うと素数が無限に存在するという素数定理を証明することができます．

いま，p という大きな素数があったとします．p までの素数を全部，大きさの順にならべて，その積をつくり，1 を足します．[素数をあらわすのに，p という記号をよく使います．素数は英語で，Prime Number です．p はその頭文字をとったわけです.]

$$a = 2\times3\times5\times7\times11\times13\times17\times\cdots\times p+1$$

a は，p までの素数 $2, 3, 5, 7, 11, 13, 17, \cdots, p$ のどれでも割り切れません．必ず 1 が余るからです．したがって，この数 a を素因数に分解すると，その素因数はすべて，p よりも大きな素数でなければなりません．

どんなに大きな素数をとってきても，それよりも大きな素数が必ず存在することになります．つぎの定理が証明されたわけです．

定理　素数は無限に存在する．

この定理は，バビロニアやエジプトの数学者の間ではよく知られていたといわれていますが，ユークリッドの『原本』ではじめて，厳密に証明されました．上の証明は，『原本』の証明を少し修正したものです．

2 最大公約数を計算する

ユークリッドの『原本』には，みなさんもよく知っている最大公約数の計算方法ものっています．たとえば，8602 と 14421 の最大公約数をユークリッドの方法で計算してみましょう．

$14421\div8602 = 1$　　余り　5819

$8602\div5819 = 1$　　余り　2783

$5819\div2783 = 2$　　余り　253

$2783\div253 = 11$　　ちょうど割り切れる

したがって，253 が 8602 と 14421 の最大公約数です．じじつ

$$8602 = 253\times34,\quad 14421 = 253\times57$$

で，34 と 57 はお互いに素となるからです．[2 つの数 34 と 57 がお互いに素であるというのは，この 2 つの数 34 と 57 を割り切る数，つまり約数が 1 以外にないときを指します．]

この計算法はユークリッドの互除法とよばれていますが，バビロニア，エジプトの数学者の間ではよく知られていた方法です．

最小公倍数もかんたんに計算できます．たとえば，8602 と 14421 の最小公倍数は，8602 と 14421 の積を最大公約数 253 で割った数になります．

$$8602 \times 14421 \div 253 = 490314$$

が最小公倍数です．

練習問題　つぎの 2 つの数の最大公約数，最小公倍数を計算して，2 つの数の積が最大公約数と最小公倍数の積に等しいことを確かめなさい．

(1)　36，48　　(2)　84，102

(3)　720，445　　(4)　3052，4352

(5)　18574，33744　　(6)　20967，56724

ユークリッドの互除法 ☆

ユークリッドの互除法ははたして正しいのでしょうか．このことを証明したいと思います．もう 1 つの数値例について，ユークリッドの互除法を使って，最大公約数を計算してみましょう．

6552，　20664

この 2 つの数の最大公約数をユークリッドの互除法を使って計算します．

$20664 \div 6552 = 3$　　余り　1008

$6552 \div 1008 = 6$　　余り　504

$1008 \div 504 = 2$　　割り切れる

したがって，504 が 2 つの数 6552, 20664 の最大公約数となります．

この 504 が 2 つの数 6552, 20664 の約数となっていることは，上の計算を逆にたどってみるとわかります．

$1008 = 2 \times 504$

154 ページの練習問題(上)の答え

73, 79

154 ページの練習問題(下)の答え

$16 = 2^4$，$28 = 2^2 \times 7$，$56 = 2^3 \times 7$，$64 = 2^6$，$115 = 5 \times 23$，$128 = 2^7$，$237 = 3 \times 79$，$526 = 2 \times 263$，$616 = 2^3 \times 7 \times 11$，$1256 = 2^3 \times 157$，$3095 = 5 \times 619$

$$6552 = 6\times1008+504 = 6\times2\times504+504 = (6\times2+1)\times504$$
$$20664 = 3\times6552+1008 = 3\times(6\times2+1)\times504+2\times504$$
$$= (3\times6\times2+3+2)\times504$$

このようにして，6552, 20664 がともに 504 の倍数になっていることがわかります．

逆に，6552, 20664 の公約数，つまり共通の約数は必ず，504 より小さいか，等しいかどちらかであることを示すことができます．

$$20664 = 3\times6552+1008, \qquad 6552 = 6\times1008+504$$

を書き直して

$$1008 = 20664-3\times6552, \qquad 504 = 6552-6\times1008$$

したがって

$$504 = 6552-6\times(20664-3\times6552)$$
$$504 = (6\times3+1)\times6552-6\times20664$$

この式からすぐわかるように，6552, 20664 の公約数，つまり 6552 と 20664 とのどちらの数をも割り切る数は必ず，504 の約数にもなっています．

上の議論は，6552, 20664 について考えたのですが，どんな数をとってきても，同じようにして，ユークリッドの互除法を使うと最大公約数が求められることを証明することができます．

つぎに，2 つの数 6552, 20664 の積を最大公約数 504 で割ると，最小公倍数になることを計算してみましょう．

$$a = \frac{6552\times20664}{504}$$

とおいたときに，a が整数となることはつぎの表現からすぐわかると思います．

$$a = 6552\times\frac{20664}{504} = 20664\times\frac{6552}{504}$$

つまり，a は 2 つの数 6552, 20664 の公倍数になっています．

504 が 2 つの数 6552, 20664 の最大公約数ですから

$$\frac{6552}{504}, \quad \frac{20664}{504}$$

はお互いに素となります．つまり，この 2 つの数の公約数は 1 以外にはありません．したがって，この 2 つの数の最小公

倍数は，その積に等しくなります．

$$\frac{6552}{504}\times\frac{20664}{504}=\frac{268632}{504}$$

このことから，2 つの数 6552, 20664 の最小公倍数が

$$a=\frac{6552\times 20664}{504}$$

に等しくなることがわかります．

お互いに素であるような 2 つの数 p, q について，その最小公倍数は pq になります．p, q の公倍数は必ず，pq で割り切れるからです．

2 つの数の最大公約数と最小公倍数を求めるのに，もっと見やすい方法があります．それは，2 つの数の素因数分解を使う方法です．上にあげた 2 つの数 6552, 20664 の場合について考えてみましょう．

$$6552=504\times 13,\qquad 20664=504\times 41,$$
$$504=8\times 9\times 7=2^3\times 3^2\times 7$$

したがって

$$6552=2^3\times 3^2\times 7\times 13,\qquad 20664=2^3\times 3^2\times 7\times 41$$

この 2 つの数の最大公約数と最小公倍数はそれぞれ

$$504=2^3\times 3^2\times 7,$$
$$268632\left(=\frac{6552\times 20664}{504}\right)=2^3\times 3^2\times 7\times 13\times 41$$

となります．

練習問題　つぎの 2 つの数の最大公約数，最小公倍数を素因数分解を使って計算して，2 つの数の積が最大公約数と最小公倍数の積に等しいことをたしかめなさい．

(1)　36，48　　(2)　84，102
(3)　720，445　　(4)　3052，4352
(5)　18574，33744　　(6)　20967，56724

158 ページの練習問題の答え

	最大公約数	最小公倍数
(1)	12	144
(2)	6	1428
(3)	5	64080
(4)	4	3320576
(5)	74	8469744
(6)	87	13670484

160 ページの練習問題の答え

(1)　$36=2^2\times 3^2$，$48=2^4\times 3$
(2)　$84=2^2\times 3\times 7$，$102=2\times 3\times 17$
(3)　$720=2^4\times 3^2\times 5$，$445=5\times 89$
(4)　$3052=2^2\times 7\times 109$，
$4352=2^8\times 17$
(5)　$18574=2\times 37\times 251$，
$33744=2^4\times 3\times 19\times 37$
(6)　$20967=3\times 29\times 241$，
$56724=2^2\times 3\times 29\times 163$

第12章
文明の誕生

数学の発展

人類のつくり出した文明は話すことと数えることにはじまりました．とくに，数を数えることは重要な意味をもっています．最初に使われた数字は10進法でした．手の指を折って数を数えはじめたからだといわれています．

おそらく，とった獲物(えもの)の数やパンの数を数えることからはじまったのだと思いますが，やがて日を数えることを知り，年を数えることを知りました．1日は，1昼夜ですからかんたんにわかったと思いますが，1年をどうして理解できたのでしょうか．メソポタミア，エジプトをはじめとして，古代文明がさかえたところは，いずれも大河のほとりで，これらの大河は毎年，規則的に洪水をおこしました．古代の人々は，そのことから，季節を知り，1年を知ったのではないかといわれています．そして，月日の流れが，太陽，月，星の運行と密接に関係していることを知って，自然の神秘に畏敬(いけい)の念をいだき，その法則を理解しようという努力をはじめたのではないでしょうか．数を数えることにはじまった人類の文化はやがて，私たちが生きている空間の神秘を探り，規則正しい時間の流れを理解しようという数学に発展していったのです．

1

地球の歴史

地球は，太陽系のなかでただ一つ，生命をもつ惑星です．ひろい宇宙全体でも，地球のほかに，美しい自然がつくりだされ，生物が生きている天体は存在しないのではないでしょうか．

地球が生まれたのは，いまからだいたい45億〜46億年前だったといわれています．はじめは，ガラス状の物質や固体粒子のかたちをした宇宙塵(うちゅうじん)をふくむ冷たい原始雲からなっていました．この原始雲が太陽の周りをまわって，おたがいに衝突するうちに，固体粒子がだんだんかたまって，微惑星(びわくせい)とよばれる小天体に成長し，それらが合体して，一つの惑星になったと考えられています．

はじめは冷たかった地球も，つぎつぎに衝突する微惑星によって大きくなるとともに，その衝撃によって，原始地球の表面から大量の二酸化炭素(炭酸ガス)や水蒸気が蒸発して，地球の周りをおおいはじめました．その温室効果によって，地表の温度は1500度前後にも上ったと推定されています．

地球が大きくなるとともに，微惑星の衝突も少なくなって，衝突のさいに出る熱がなくなり，温度が下がりはじめました．そしてあるとき，あつく地球をおおっていた大気が冷えて，雨となって地表に降りそそぎはじめたのです．地表の低いところに，雨水がたまって海ができたわけでです．

海のなかに生物がはじめて生まれたのは，今から35億年ほど前の始生代のころのことだといわれています．それから，気の遠くなるような長い年月を経て生物の進化が進み，およそ6500万年前に新生代に入るとともに，哺乳類(ほにゅうるい)の時代を迎えることになるわけです．

地球に海ができて，植物プランクトン，海藻(かいそう)類が大量に生息しはじめ，二酸化炭素を使ってさかんに光合成をおこなうようになりました．光合成というのは，太陽のエネルギーを使って，大気中の二酸化炭素と水を合成して，酸素と炭水化物(澱粉(でんぷん))をつくりだすことですが，植物だけにしかできない働きです．海中の植物の光合成によって，大気中の二酸化炭素の濃度が年々大幅に下がり，気温も急速に下がりはじめました．同時に，光合成によって大気中に放出される酸素は何億年という長い年月を経て，地球の周りにあついオゾン層をつくったのです．このオゾン層が，太陽から送られてくる電磁波エネルギーのうち，波長が短くて危険な紫外線を効果的にさえぎって，地表にとどかないようにしています．生物が海から陸に上がることができるようになったのは，このオゾン層のおかげです．

文明の誕生

人類が誕生したのは，いまから400万年から500万年前，アフリカ大陸だったといわれています．新生代に入って間もなく，平均気温が20度前後という温暖な気候がつづきましたが，そのあと，地球は急に冷たくなりはじめ，平均気温が10度近くまで下がったときに，人類が誕生したのです．

このころから，氷期と間氷期が，約4万年の周期で交代におこるようになりました．地球が経験した最後の氷期はヴュルム氷期といって，いまから1万年ほど前に終わりました．ヴュルム氷期が終わってからしばらく温暖，多雨の時代がつづき，森林がゆたかに茂り，食料が豊富にあり，人口が増加しました．しかし，そのあと極端に寒い時代がやってきました．極端に寒いといっても，平均気温がたかだか摂氏1度下がったにすぎませんが，森林が大幅に減少し，川や海の魚介類も少なくなってしまって，人々はたいへんな食料不足に苦しめられることになったのです．そこで，コムギにはじまり，イネ，イモを栽培して，大量につくることができるようにして，その危機を乗りこえようとしたのです．農業の始まりです．農業の発見によって，人口も飛躍的に増加し，文明の誕生をみることができたわけです．

2

バビロンの数学

最初の文明が誕生したのは，いまから6000年ほど前，メソポタミアの地だったといわれています．メソポタミアという言葉はもともとギリシア語で，二つの河の間という意味です．メソポタミアは，チグリスとユーフラテスの二つの大河にはさまれた広大な地域で，いまのイラクを中心として，シリア東部，イラン西部を含みます．

同じころ，エジプトにも，ナイル河の流域にはなやかな文明が生まれました．時代的には少しあとになりますが，インドのインダス河の流域，中国の黄河のほとりにも，華麗な文明の花が開いています．これらの地域はいずれも，あまり雨量が多くなく，適当に乾燥していて，大森林が繁っていなかったところです．農業の発展は，このような乾燥地域で，大河を中心として，大規模な灌漑施設をつくることによってはじめて可能になったのです．日本では縄文時代に当たります．青森の三内丸山（さんないまるやま）の遺跡の時代です．

メソポタミアの文明

メソポタミアの地に人々が定住しはじめたのは，紀元前5000年頃，新石器時代の終わりといわれていますが，文明らしい文明を最初につくり出したのはシュメール人とセム人でした．とくに，シュメール人のきずいたシュメール文化は，数多くの華麗な遺跡として現在まで残っています．やがてバビロン王朝，カッシュ王朝につづいて，紀元前8世紀から7世紀にかけて，古代世界で最初の帝国アッシリアがおこりました．ついで，紀元前7世紀には，新バビロニア帝国がきずかれ，その都バビロン(いまのバグダードです)を中心としてはなやかな文明が展開されました．バビロンはほぼ正方形のかたちをした都市で，1辺が1 kmをこえたといわれています．有名なバベルの塔は町の中心にあり，古代世界の七不思議の1つといわれた空中庭園は北門の近くにありました．大神の神殿が53，祀堂（しどう）が55，その他小神の神殿が1000もあったといわれています，

メソポタミアにはすばらしい遺跡が残っていて，当時の技術と芸術の水準の高さを物語っています．また粘土書板（ねんどしょばん）に刻み込まれた文字や記録がたくさん発掘されています．粘土書板の記録からも，古代メソポタミアの人々が高度に発達した数学と技術をもっていたことがわかります．

数字の発見

文明は，言葉と数字の発見にはじまります．メソポタミアで最初に使われた数字は10進法でした．10進法は，人間の手の指の数が10本あることからはじまったと考えられています．

しかし，シュメール人は，重さをはかったり，表をつくったりするときには，主として60進法を使っていました．メソポタミアで60進法が使われるようになったのはなぜでしょうか．当時，バビロニアの人々は1年を360日と考えていました．1年を12カ月，1月を30日としたわけです．1日を24時間に分けて．さらに1時間を60分，1分を60秒に分けたのも，バビロニア人でした．

中国の昔の暦（こよみ）も，12支（し）と5干（かん）を組み合わせて，60年を周期としていました．

バビロン暦（れき）

バビロニア人が紀元前3000年近くも昔から使ってきた暦をバビロン暦といいます．バビロン暦は，1月を新月が見えはじめる日からはじめ，1年を春分の日からはじめる太陽太陰暦でした．日本でも，昔使っていた暦です．閏月（うるう）は，始めは不規則でしたが，紀元前500年頃，ダレイオス1世のときに，置閏法（ちじゅん）が制定され，8年ごとに3回，閏月をおくことになりました．その後，19年法に変わり，19年ごとに7回，閏月をおき，その長さは観測によって決めることになりました．この19年法のもとでは，1暦年が365.2468日です．1

年の平均日数は正確には 365.2422 日ですから，バビロニア人が高度な計算技術をもっていたことがわかります．

バビロニア人はまた，おもな星の動きもかなり正確に計算していました．アレキサンドロス大王がアルベラの戦いに勝って，バビロンを占領したのは紀元前 331 年のことです．アレキサンドロス大王は世界制覇の夢をもっていて，将来の帝国の首都をバビロンにおこうと考え，バビロニア人のつくったバビロンを徹底的に破壊するよう，兵士たちに命じたといわれています．そのとき，ギリシアの大哲学者アリストテレスの息子カリステネス(息子も哲学者でした)が戦火による焼け跡のなかから，紀元前 2234 年にさかのぼる太陽，月，星にかんする記録が刻まれている煉瓦(れんが)を発見し，ただちに父アリストテレスのところに送ったといわれています．

また，アレキサンドリアの数学者で天文学者であったプトレマイオスが紀元前 747 年にさかのぼるバビロニア人の日食，月食の記録をもっていたというのも有名な話です．ずっと後世になって，19 世紀に入ってからのことですが，ドイツのエッピング，シュトラスイマイアという 2 人の天文学者が，粘土書板に残された紀元前 123 年，111 年の 2 つの暦を解説して，バビロニアの天文学にみごとな光を当てました．

バビロニアの数学

バビロニアの数学は主として代数が中心でしたが，かなり高度の知識をもっていました．バビロニア人は計算が得意で，非常に大きな数を取り扱っていた記録が残っています．算盤(そろばん)(Abacus)をはじめて使ったのも，バビロニア人だったといわれています．また，数の間の調和的関係についても，すぐれた知識をもっていました．なかでも有名なのは，音楽比例の考え方です．

音楽比例　2 つの数 a, b について，その算術平均，調和平均をそれぞれ m, h とすれば

$$a : m = h : b$$

という音楽比例の関係が成り立ちます．たとえば

$$a=3,\ b=5 \quad \text{のとき},\ m=4,\ h=\frac{15}{4}$$

$$a : m = 3 : 4 = \frac{3}{4}$$

$$h : b = \frac{15}{4} : 5 = \frac{3}{4}$$

一般に，2つの数a, bについて，その算術平均m，調和平均hはつぎのようにして計算されます．

$$m = \frac{a+b}{2}, \qquad \frac{1}{h} = \frac{\frac{1}{a}+\frac{1}{b}}{2} = \frac{a+b}{2ab}$$

$$a : m = a : \frac{a+b}{2} = \frac{a}{\frac{a+b}{2}} = \frac{2a}{a+b}$$

$$h : b = \frac{2ab}{a+b} : b = \frac{2ab}{b(a+b)} = \frac{2a}{a+b}$$

したがって

$$a : m = h : b = \frac{2a}{a+b}$$

という音楽比例の関係が成り立つことが証明されたわけです．

バビロンの問題とよばれるつぎのような興味深い問題も粘土書板の記録として残されています．

バビロンの問題　1つの正方形の面積とその周の長さを足し合わせると$41'40''$となる．この正方形の1辺の長さはそれぞれいくらか．

この問題で

$$1' = \frac{1}{60}\,(1\text{分}), \qquad 1'' = \frac{1}{60^2} = \frac{1}{60\times60}\,(1\text{秒})$$

は60進法の単位です．したがって

$$41'40'' = \frac{41}{60}+\frac{40}{3600} = \frac{2500}{3600}$$

となるわけです．粘土書板には正しい答え

$$10' = \frac{10}{60}$$

が記されています．

この問題を解くためには，第4章の二次方程式の解法を使わなければなりません．バビロニア人はまたすぐれた平方根の計算法を知っていました．第6章でお話ししたバビロニア人の計算方法は，ニュートンの近似計算法として，いまでも使われています．この第1巻『方程式を解く―代数』の主題はバビロニアの代数です．

3 エジプトの数学

洪積世（こうせきせい）の頃，北アフリカは，いまよりずっと雨が多く，ゆたかな森林が繁茂していました．ナイル河の水は渓谷の上の方までとどき，ゾウ，ライオンをはじめとして数多くの野生動物が住んでいました．洪積世が終わるとともに．雨が極端に少なくなって，森林が減少しはじめました．サハラ砂漠ができたのもそのころです．ナイル河の水位は下がって，年々の洪水が規則的にやってくるようになり，上流のゆたかな土壌を運んできました．ナイル河の流域に，メソポタミアとならんで世界でもっとも古い農耕文化が展開されたわけです．ナイル河は全長 6690 km，流域面積 300 万 km^2 の大河で，エジプトの母とよばれています．

古代エジプト

古代エジプトはナイル河を中心として，紀元前 4000 年頃から紀元前 30 年にかけて，じつに 4000 年のながい期間にわたって栄えました．

紀元前 2680 年から紀元前 2181 年までつづいた古王国時代は「ピラミッド時代」ともよばれ，ギゼーの三大ピラミッドをはじめとして，数多くのピラミッドがつくられました．古代エジプトの王はファラオとよばれ，神の権化（ごんげ）として，絶対的な権威をもっていました．大ピラミッドは王の墓所であると同時に，死者の礼拝所でもあったのです．神々は人間と同じような姿をもち，同じような生活をしていると信じられていましたので，神々の住まいとして豪壮な神殿が建てられたのです．各地域はそれぞれ異なった至上神をもっていました．なかでも有名なのが，ヘリオポリスの太陽神ラーと死の神オシリス，テーベの太陽神アモン，ヘルモポリスの月と学問の神トートです．

神官階級はまだ後世のようなつよい権力をもっていなかったのですが，芸術は神殿，墳墓の装飾に集中し，学問も神殿でおこなわれていました．サッカラの階段式大ピラミッドを設計したといわれる伝説的な建築家イムヘテプは第3王朝のジェセル王の侍医でしたが，神として崇(あが)められていました．

紀元前2133年にはじまって，約1000年の間にわたっては，政治の中心がテーベにおかれていたため，「テーベ王国時代」とよばれています．テーベ王国は，テーベの守護神であった太陽神アモンを王の守護神として崇め，広大な領土と巨大な経済力をもち，壮大，華麗な建造物，彫刻，美術工芸品を残しています．

とくに栄えたのは，中王国時代，なかでも紀元前1991年から紀元前1786年にかけての第12王朝の頃です．第12王朝のテーベ王国は，世界でもっとも古い民主主義の政治が確立したことで知られています．一般の民衆が，王族，貴族と同じように，政治，社会，宗教の面で権利を得ることができました．一般の民衆も，死後の世界では死の神オシリスとなって，王と同じ待遇をうけることが約束されていたのです．その遺体はミイラとして，王者の葬礼を受け，永遠に生きると信じられていました．ピラミッドの時代は去って，死者の棺(ひつぎ)には，王族，貴族に対する賛辞，崇拝を連ねたピラミッド・テキストに代わって，人々の死後の釈放を願う棺柩(かんきゅう)文が記されるようになりました．また，このころのパピルス文書には，算術，幾何について記したリンド・パピルス，人体の解剖，治病の秘法を伝えた『治病の書』——エーベルス・パピルス——，外科術，診断法，治療法を科学的に論じた『外科書』——エドヴィン・スミス・パピルス——などが残っています．

紀元前1567年から紀元前1080年まで約500年つづいた新王国時代に，古代エジプトは，その最盛期を迎えます．この時代には，エジプトの諸王はアジアに対して大規模な侵略戦争をくりかえし，その版図を拡大していったのです．とくに第18王朝のトトメス3世は，紀元前1490年即位するとともに，みずから兵を率いて，前後17回にわたってアジア侵略を試み，北はユーフラテス河畔から，南はナイル河の第4急湍におよぶ古代エジプト最大の帝国をきずきました．トトメス3世は膨大な戦利品をもとにして，都テーベに壮大な神殿，王宮，官庁の建造物を建て，テーベの町はかつてない栄華と繁栄を享受しました．しかし，軍人，官僚，そして神官が富と権力を独占し，一般民衆はきわめて貧しい生活を強いられていたのです．

末期王国時代は，紀元前1080年，アモン神官が王位を奪ったときにはじまり，紀元前341年までつづきましたが，古代エジプトの栄華はすでに過去のものとなっていました．紀元前950年，リビアの将軍が王位に即いてつくった第22王朝は第26王朝までつづきました．その間，アッシリア人が侵入し，ついで，ペルシアによって侵略されました．そして紀元前525年には，エジプトはペルシアの属州となってしまいます．紀元前404年から紀元前341年にかけて，一時的にエジプト人の王をもつことができました．ふたたびペルシアによって支配され，紀元前332年，アレキサンドロス大王に征服されてしまいます．その後，プトレマイオス王朝の時代には，ギリシア人が大量に流入し，エジプトのギリシア化が進みます．プトレマイオス王朝の最後を飾ったのがクレオパトラ7世です．クレオパトラは，ローマの将軍オクタヴィアヌスに捕えられ，ローマに引き立てられる直前，毒蛇に胸を咬ませて，自ら死を選んだといわれています．紀元前30年のことですが，クレオパトラの死によって，4000年にわたった神秘的で華麗な古代エジプトの歴史に幕が下ろされたのです．

エジプトの数学

古代エジプト文明の歴史は，数多くの遺跡，建造物，彫刻，石碑などを通じて知ることができます．なかでも重要な役割をはたしているのがパピルスに残された記録です．パピルスに残された記録から，古代エジプトの学問の中心は数学，とくに幾何学だったことがわかります．

パピルスは，ナイル河の上流を中心とした広い地域にわたって分布しているカヤツリ草の一種を紙のように加工して，文字を書けるようにしたものです．このパピルス文書はもちろん，古代エジプトの難解な象形(しょうけい)文字で書かれていますが，解読できるようになったのはまったくの偶然からでした．1799 年 9 月，エジプトを侵略したナポレオンの軍隊の一兵士が，ナイル河の河口近くのロゼッタという所で，大きな石碑の一部を発掘しました．その石碑には，同じ文章が，古代エジプトの神官文字，民衆文字，そしてギリシア文字で書かれていたのです．これがロゼッタ・ストーンですが，ギリシア文字の碑文から，紀元前 196 年，プトレマイオス 5 世の戴冠式を記念して捧げられた神官の頌徳(しょうとく)文であることがわかりました．このロゼッタ・ストーンを研究して，古代エジプトの象形文字の解読に成功したのがフランスのシャンポリオンでした．ロゼッタ・ストーンは，1801 年，イギリス軍がエジプトを侵略したとき，略奪して持ち帰って，現在ロンドンの大英博物館に陳列してあります．

大英博物館には，イギリス人がエジプトから略奪したり，あるいは購入して持ち帰った古代エジプトの建造物，彫刻，石碑などが数多く陳列されています．そのなかに，有名なリンド・パピルスがあります．リンド・パピルスは，4000 年近くも昔，中王国時代に書かれたもので，幅 30 cm，長さが 540 cm もある巻物です．このパピルスは，ヘンリー・リンドが，1858 年，エジプトで手に入れて持ち帰ったので，リンド・パピルスとよばれていますが，正確には，アーメス・パピルス，あるいはイムヘテプ・パピルスといった方がよいかもしれません．それは，紀元前 1650 年頃に，アーメスという神殿の書記が，その1000年も前にイムヘテプが書いたと伝えられるパピルスを筆写したものだからです．

リンド・パピルスは『すべての謎を解く教科書』と題されていますが，その内容は主として代数と幾何についてです．三角形，台形の面積の求め方，円の面積の近似など，測量に関係したことが中心になっています．

紀元前5世紀のギリシアの歴史家ヘロドトスは「歴史の父」といわれる人です．ヘロドトスは古代エジプトの歴史について書物を書いていますが，そのなかにつぎのような叙述(じょじゅつ)があります．

「紀元前1900年のころ，エジプトを支配したセンストリス王は，エジプト全土を同じ大きさの正方形に区画して，等しい税率を課して，農民から税金を取り立てた．しかし，年々のナイル河の洪水によって農地の状況が変わってしまったときには，王は調査の役人を派遣して，測量し直して，新しい税額を決めた．」

「幾何はエジプトの土地測量からはじまった」という有名な言葉はヘロドトスが残したものです．幾何は英語でGeometry（ジェオメトリー）といいますが，文字通りに訳すと測地学となります．幾何については，『好きになる数学入門』の第2巻『図形を考える—幾何』で，くわしくお話しします．

当時の測量は，3：4：5の比で印をつけた縄(なわ)を使って，直角三角形をつくり，90°の角度を正確に測っていました．有名なピタゴラスの定理をじっさいに応用していたわけです．測量師のエジプト語は，文字通り訳すと測縄師(そくじょうし)になります．

エジプト人は，分数についてある程度進んだ理解をもっていましたし，大きな数もたくみに取り扱っていたと考えられています．いまから5000年以上も昔，先王朝時代につくられた矛(ほこ)が残っていますが，その表(おもて)には，120,000人の囚人(しゅうじん)を捕らえ，1,422,000匹の山羊(やぎ)を犠牲(いけにえ)として捧げたことが記録されています．

また，イムヘテプがつくった大ピラミッドの4辺は東西南北の方位ときわめて正確に一致しています．その精度があまりにも高いので，北極星の位置が，長い時間とともにごくわずかずつ規則的に変化することを使って，逆にピラミッドがつくられた年を正確に割り出すことが試みられたほどです．

エジプト暦

太陽暦を最初につくったのも古代エジプトです．暦月(暦の上の 1 月)を 30 日とし，暦年(暦の上の 1 年)を 12 カ月と 5 日に決められていました．暦年は洪水，種蒔き，収穫の 3 つの季に分けられ，各季は 4 カ月でした．したがって，古代エジプトの暦年は 365 日となり，太陽年の平均日数とは誤差があって，長い年月を経ると，暦の上の季節は実際の季節とずれてきます．古代エジプトの人々は恒星シリウスを使って洪水の予測をしていました．恒星シリウスがはじめて日の出前に現われる日をもとにして洪水予報を出していたのですが，その経験を通じて，季節の循環は 365 日ではなくて，365.25 日だということを知っていました．そして，1461 暦年で恒星シリウスの季が一巡すると計算していました．これをシリウス周期といいます．シリウス周期の正確な値は 1506 暦年ですので，古代エジプトの人々がもっていた天文学の知識は驚異的だったといえます．紀元前 238 年にすでに，プトレマイオス 3 世が 4 年ごとに 1 閏日を置く法律を出しています．しかし，この暦法が実際に使われるようになったのは，紀元前 46 年，ユリウス暦が制定されたときです．

古代エジプトは全体でみたとき，中王国時代に象徴されるように，神の教えを尊び，死者を敬い，平和を愛し，華麗な文明をつくりだしてきました．エジプトの数学は，いまから 4000 年以上も昔，古王国から中王国時代にかけて高い水準に達していました．ギリシア数学の 1000 年以上も前のことです．プトレマイオス王朝のころ，エジプトとギリシアの間の交流が盛んになるとともに，数多くのギリシア人がエジプトに留学して，エジプトの学問，とくに数学を学ぶようになりました．タレス，ピタゴラス，プラトンもピラミッドの国エジプトを訪れて，数学を学んだのです．エジプト人のつくった数学はこのようにして，ギリシア人によって受けつがれ，人類の生んだ最高の学問，ギリシア数学として発展することになったのです．

問題解答

❖ 第1章　方程式を使って算術の問題を解く

問題1

算術による解答　50円切手を1枚間違えて80円切手にすると，1枚につき80－50＝30円よけいにはらわなければならない．3400－3100＝300円よけいにはらったわけだから，最初に買おうとした50円切手の枚数は80円切手の枚数より300÷30＝10枚多かったことになる．50円切手と80円切手それぞれ1枚を1組のセットと考えると，1組のセットの価格は50＋80＝130円．最初に買おうとしたセットの組数に対する支払い額は3100－10×50＝2600円となるから，最初に買おうとしたセットの組数は2600÷130＝20．したがって最初に買おうとした80円切手の枚数は20枚．50円切手は20＋10＝30枚．

方程式による解答　50円切手をx枚，80円切手をy枚買ったとすると

$$80x+50y = 3400$$
$$50x+80y = 3100$$

第1，第2の方程式の両辺をそれぞれ8倍，5倍して，差をとる．

$$390x = 11700, \quad x = 30$$

このxの値を第1の方程式に代入すれば，$y=20$．

問題2

算術による解答　品位0.85の銀720グラムのうち，純銀は720×0.85＝612グラム含まれている．もしかりに，品位0.7の銀だけを720グラムとれば，そのなかに含まれている純銀は720×0.7＝504グラムとなって，612－504＝108グラムだけ足りない．品位0.7の銀1グラムの代わりに，品位0.9の銀を1グラム入れるごとに，純銀の含有量は0.9－0.7＝0.2グラムずつふえる．したがって，品位0.9の銀を108÷0.2＝540グラム入れればよい．このとき，品位0.7の銀は720－540＝180グラムとなる．

方程式による解答　品位0.9の銀と品位0.7の銀をそれぞれx, yグラム入れて，品位0.85の銀を720グラムつくったとすると

$$x+y = 720$$
$$0.9x+0.7y = 0.85\times720$$

第1の方程式の両辺に0.7を掛けて，第2の方程式から引けば

$$0.2x = 0.15\times720, \quad x = 540, \quad y = 180$$

問題3

算術による解答　酒と水が8：1の割合のミックス20リットルのなかには，酒が$20\times\frac{8}{9}$リットル入っていなければならない．もしかりに，酒と水が7：1の割合でミックスしてある樽から20リットル取り出したとすれば，そのなかに入っている酒の量は$20\times\frac{7}{8}$リットルであるから，酒と水が9：1の割合でミックスしてある樽から補わなければならない．不足している酒の量は$20\times\frac{8}{9}-20\times\frac{7}{8}=20\times\left(\frac{8}{9}-\frac{7}{8}\right)=20\times\frac{1}{72}$である．7：1のミックス1リットルの代わりに9：1のミックス1リットルを入れるごとに，酒の量は$\frac{9}{10}-\frac{7}{8}=\frac{1}{40}$リットルずつふえる．したがって，酒と水が9：1の割合でミックスしてある樽から$20\times\frac{1}{72}\div\frac{1}{40}=\frac{100}{9}$リットル入れればよい．酒と水が7：1の割合でミックスしてある樽から取り出す量は$20-\frac{100}{9}=\frac{80}{9}$リットルとなる．

方程式による解答　第1，第2の樽からそれぞれx，yリットル取り出して，酒と水が8：1の割合のミックスを20リットルつくったとすると

$$x+y = 20$$
$$\frac{7}{8}x+\frac{9}{10}y = \frac{8}{9}\times20$$

第1の方程式の両辺に$\frac{9}{10}$を掛けて，第2の方程式を引けば

$$\left(\frac{9}{10}-\frac{7}{8}\right)x = \left(\frac{9}{10}-\frac{8}{9}\right)\times 20,$$

$$x = 8\frac{8}{9}, \qquad y = 11\frac{1}{9}$$

問題 4

算術による解答　急行列車が 25 分間に行く距離は $\frac{80}{60}\times 25=\frac{100}{3}$ km で，B 駅との距離は $100-\frac{100}{3}=\frac{200}{3}$ km．したがって，2 つの列車が出会うのは特急列車が B 駅を出発してから $\frac{200}{3}\div(80+120)\times 60=$ 20 分後である．その位置は A 駅から B 駅に向かって $\frac{80}{60}\times(25+20)=60$ km 行ったところである．

方程式による解答　特急列車が B 駅を出発してから x 分後にすれちがったとすれば

$$\frac{80}{60}(x+25)+\frac{120}{60}x = 100$$

$$4(x+25)+6x = 300$$

$$10x = 200$$

$$x = 20$$

その位置は A 駅から B 駅に向かって

$$\frac{80}{60}(x+25) = \frac{80}{60}(20+25) = 60 \text{ km}$$

行ったところである．

問題 5

算術による解答　特急列車，普通列車の長さの和は $15\times 12+15\times 8=180+120=300$ m$=0.3$ km．特急列車と普通列車の時速の和，差はそれぞれ，$0.3\div 4\times 60\times 60=270$ km，$0.3\div 36\times 60\times 60=30$ km．したがって，特急列車と普通列車の時速はそれぞれ $(270+30)\div 2 = 150$ km，　$(270-30)\div 2 = 120$ km

方程式による解答　特急列車と普通列車の時速を x km, y km とおけば，分速はそれぞれ $\frac{1}{60}x, \frac{1}{60}y$ となるから

$$\frac{4}{60}\times\frac{1}{60}\times(x+y) = \frac{300}{1000}, \quad \frac{36}{60}\times\frac{1}{60}\times(x-y) = \frac{300}{1000}$$

$$x+y = 270, \qquad x-y = 30$$

$$x = 150, \qquad y = 120$$

問題 6

算術による解答　徒弟が 1 人で働いた日数は $22-4=18$ 日であるが，その間にした仕事の量は親方と徒弟と 2 人分の仕事の $10-4=6$ 日分にあたる．したがって，親方の仕事の 6 日分は，徒弟の仕事の $18-6=12$ 日分にあたる．親方と徒弟の 2 人で 10 日間かかる仕事を親方 1 人ですれば，$10+10\times\frac{6}{12}=10+5=15$ 日で仕上がり，徒弟 1 人ですれば，$10+10\times\frac{12}{6}=10+20=30$ 日かかることになる．

方程式による解答　全体の仕事の量を 1 として，親方と徒弟が 1 人で働いたときの 1 日の仕事の量をそれぞれ x, y とすれば

$$x+y = \frac{1}{10}$$

親方が 4 日間働き，徒弟が 22 日間働いたことになるから

$$4x+22y = 1$$

第 1 の方程式の両辺に 22 を掛けて，第 2 の方程式の両辺を引く．

$$18x = \frac{6}{5}, \qquad x = \frac{1}{15}, \qquad y = \frac{1}{30},$$

$$\frac{1}{x} = 15, \qquad \frac{1}{y} = 30$$

❖ 第 2 章　方程式をグラフで解く

問題 1　略．

問題 2　一般に，(p, q) を通る直線の方程式は

$$y-q = m(x-p)$$

の形をしていることを使う．

(1)　$y-2 = 8(x-3)$

(2)　$y-6 = -7(x-15)$

(3)　$y-2 = -3(x+2)$

(4)　$y+8 = \frac{2}{3}(x-9)$

問題 3　一般に，(p, q) を通る直線の方程式は

$$y-q = m(x-p)$$

の形をしていることを使う．

(1)　$$y-2 = m(x-3)$$
$$6-2 = m(10-3)$$

$m = \frac{4}{7}$ より

$$y-2 = \frac{4}{7}(x-3)$$

(2)
$$y-6 = m(x-15)$$
$$12-6 = m(7-15)$$

$m = -\frac{3}{4}$ より

$$y-6 = -\frac{3}{4}(x-15)$$

(3)
$$y-2 = m\{x-(-2)\}$$
$$(-3)-2 = m\{4-(-2)\}$$

$m = -\frac{5}{6}$ より

$$y-2 = -\frac{5}{6}(x+2)$$

(4)
$$y-(-8) = m(x-9)$$
$$(-4)-(-8) = m(16-9)$$

$m = \frac{4}{7}$ より

$$y+8 = \frac{4}{7}(x-9)$$

問題 4

(1)　(2, −1)

(2)　(2, −1)で，$3x+2y-4=0$，$2x+5y+1=0$ となることから明らか．

❖ 第 3 章　連立二元一次方程式

問題 1

各連立方程式の上の式を①，下の式を②とあらわす．

(1)　4×①−5×②　　$\frac{2}{5}x = 6,\quad x = 15$

3×②−2×①　　$\frac{2}{7}y = 4,\quad y = 14$

(2)　2×①+3×②　　$31x = \frac{19}{9},\quad x = \frac{19}{279}$

5×①−8×②　　$31y = -\frac{10}{3},\quad y = -\frac{10}{93}$

(3)　4×①−②　　$\frac{1}{x} = \frac{1}{2},\quad x = 2$

②−3×①　　$\frac{1}{y} = \frac{1}{3},\quad y = 3$

(4)　①+7×②　　$\frac{47}{x} = 188,\quad x = \frac{1}{4}$

6×①−5×②　　$\frac{47}{y} = 235,\quad y = \frac{1}{5}$

(5)　①−a×②　　$(1-ab)x = 1-a$

$$x = \frac{1-a}{1-ab}\qquad (ab \neq 1)$$

②−b×①　　$(1-ab)y = 1-b$

$$y = \frac{1-b}{1-ab}$$

(6)　a×①+b×②　　$(a^2+b^2)x = a+b$

$$x = \frac{a+b}{a^2+b^2}$$
$$(a^2+b^2 \neq 0)$$

b×①−a×②　　$(a^2+b^2)y = b-a$

$$y = \frac{b-a}{a^2+b^2}$$

(7)　b×①+$(a-b)$×②　　$(a^2+b^2)x = a$

$$x = \frac{a}{a^2+b^2}$$
$$(a^2+b^2 \neq 0)$$

$(a+b)$×②−a×①　　$(a^2+b^2)y = b$

$$y = \frac{b}{a^2+b^2}$$

(8)　②−$(a-b)$×①　　$\frac{2b}{a+b}x = b(a+b)$

$$x = \frac{1}{2}(a+b)^2$$

$(a+b)$×①−②　　$\frac{2b}{a-b}y = b(a-b)$

$$y = \frac{1}{2}(a-b)^2$$

問題 2

(1)　第 1 式，2 式をつぎのように変形して，x, y の連立二元一次方程式と考えて解く．

$$x+y = 10-z$$
$$2x-3y = -1-4z$$
$$x = \frac{29}{5}-\frac{7}{5}z,\qquad y = \frac{21}{5}+\frac{2}{5}z$$

第 3 の方程式に代入して，

$$x = 3,\quad y = 5,\quad z = 2$$

(2)　$x=1$，$y=-1$，$z=1$　(3)　$x=3$，$y=2$，$z=1$

(4)　$x=-\dfrac{1}{3},\ y=\dfrac{1}{6},\ z=\dfrac{1}{2}$

問題 3　連立二元一次方程式の解を (p,q) とすれば (p,q) を通る直線の方程式はつぎのようにあらわされる．

$$a(x-p)+b(y-q)=0$$

したがって，つぎの条件をみたすような α,β が存在することを証明すればよい．

$$a(x-p)+b(y-q)=\alpha(3x+2y-4)+\beta(-2x+5y+1)$$

$$a=3\alpha-2\beta$$

$$b=2\alpha+5\beta$$

この 2 つの方程式を α,β を未知数とする連立二元一次方程式と考えて解くと

$$\alpha=\frac{5}{19}a+\frac{2}{19}b,\qquad \beta=-\frac{2}{19}a+\frac{3}{19}b$$

問題 4　$\alpha(3x+2y-4)+\beta(-2x+5y+1)=0$ の上に点 $(7,9)$ があるように α,β をえらべばよい．

$$\alpha(3\times7+2\times9-4)+\beta(-2\times7+5\times9+1)=0$$

$$35\alpha+32\beta=0$$

$$\alpha:\beta=(-32):35$$

この条件をみたす α,β ($\alpha\neq0$ または $\beta\neq0$) をとればどんな数でもよく，それを

$$(3\alpha-2\beta)x+(2\alpha+5\beta)y-4\alpha+\beta=0$$

に代入すれば求める直線の方程式となる．したがって

$$-166x+111y+163=0$$

問題 5

(1)　$3\times6+2\times(-7)-4=0,\ \ -2\times3+5\times1+1=0$

(2)　$(6,-7)$ と $(3,1)$ をむすぶ線分の中点の X，Y 座標はそれぞれ

$$\frac{6+3}{2}=\frac{9}{2},\qquad \frac{-7+1}{2}=-3$$

[この計算がわかりにくければ，自分でじっさいに図をえがいて求めなさい．]

連立二元一次方程式の解を通る直線の方程式

$$\alpha(3x+2y-4)+\beta(-2x+5y+1)=0$$

に $\left(\dfrac{9}{2},-3\right)$ を代入すれば

$$\frac{7}{2}\alpha-23\beta=0$$

$$\alpha:\beta=46:7$$

となるような α,β ($\alpha\neq0$ または $\beta\neq0$) をとれば

$$(3\alpha-2\beta)x+(2\alpha+5\beta)y-4\alpha+\beta=0$$

が求める直線の方程式となる．したがって

$$124x+127y-177=0$$

❖ 第 4 章　二次方程式

問題 1　元の正方形の 1 辺の長さを x とおけば

$$(x-30)(x-25)=\frac{2}{3}x^2$$

$$x^2-165x+2250=0$$

$$(x-150)(x-15)=0$$

$$x=150$$

($x=15$ は問題の解答として不適)

問題 2　周囲が一定の長さ $2a$ であるような長方形の 1 辺の長さを x とすれば，長方形の面積 S は

$$S=x(a-x)=ax-x^2$$

$$=\frac{a^2}{4}-\left(\frac{a^2}{4}-ax+x^2\right)=\frac{a^2}{4}-\left(\frac{a}{2}-x\right)^2$$

したがって，S が最大になるのは，$x=\dfrac{a}{2}$ のときで，正方形となる．

問題 3　与えられた面積 S をもつ正方形の 1 辺の長さを b とする．面積が S であるような長方形の 2 辺の長さを x,y とすれば

$$S=b^2=xy$$

$$(x+y)^2-(2b)^2=(x^2+2xy+y^2)-4b^2$$

$$=x^2-2xy+y^2=(x-y)^2\geqq0$$

$$x+y\geqq2b$$

問題 4

(1)　第 1 の方程式を y について解いて，第 2 の方程式に代入する．

$$y=14-3x$$

$$2x^2-x(14-3x)+3(14-3x)^2=78$$

$$32x^2-266x+510=0$$

$$(x-3)(32x-170)=0$$

$$(x,y)=(3,5)\quad あるいは\quad \left(\frac{85}{16},-\frac{31}{16}\right)$$

(2)　第 1 の方程式を x について解いて，第 2 の方程式に代入する．

$$x=7y+1$$

$$(7y+1)^2-3(7y+1)y-5y^2=115$$

$$23y^2+11y-114=0$$

$$(y-2)(23y+57)=0$$

$$(x, y) = (15, 2) \quad \text{あるいは} \quad \left(-\frac{376}{23}, -\frac{57}{23}\right)$$

問題 5 第 1 の方程式を y について解いて，x^2-xy+y^2 に代入する．

$$y = 12-x$$

$$\begin{aligned} x^2-xy+y^2 &= x^2-x(12-x)+(12-x)^2 \\ &= 3x^2-36x+144 \\ &= 3(x^2-12x+36)+144-108 \\ &= 3(x-6)^2+36 \end{aligned}$$

x^2-xy+y^2 の最小値は，$x=6$，$y=6$ のとき 36.

問題 6 第 1 の方程式を y について解いて，x^2+xy+y^2 に代入する．

$$y = 8-\frac{2}{3}x$$

$$\begin{aligned} x^2+xy+y^2 &= x^2+x\left(8-\frac{2}{3}x\right)+\left(8-\frac{2}{3}x\right)^2 \\ &= \frac{7}{9}x^2-\frac{8}{3}x+64 \\ &= \frac{7}{9}\left(x^2-\frac{24}{7}x+\frac{144}{49}\right)+64-\frac{16}{7} \\ &= \frac{7}{9}\left(x-\frac{12}{7}\right)^2+\frac{432}{7} \end{aligned}$$

x^2+xy+y^2 の最小値は，$x=\frac{12}{7}$，$y=\frac{48}{7}$ のとき $\frac{432}{7}$.

❖ 第 5 章　因数分解

問題 1

(1)　$x^2-\frac{2}{3}xy-\frac{8}{3}y^2$ を 3 倍して，$3x^2-2xy-8y^2$ にする．

$$acx^2-(ad-bc)xy-bdy^2 = (ax+by)(cx-dy)$$

$$a = 3, \quad b = 4, \quad c = 1, \quad d = 2$$

$$3x^2-2xy-8y^2 = (3x+4y)(x-2y)$$

$$x^2-\frac{2}{3}xy-\frac{8}{3}y^2 = \frac{1}{3}(3x+4y)(x-2y)$$

(2)　$x^2+\frac{49}{15}xy-\frac{22}{15}y^2$ を 15 倍して，$15x^2+49xy-22y^2$ にする．(1)と同様にして

$$15x^2+49xy-22y^2 = (3x+11y)(5x-2y)$$

$$x^2+\frac{49}{15}xy-\frac{22}{15}y^2 = \frac{1}{15}(3x+11y)(5x-2y)$$

(3)　$x^2+\frac{23}{28}xy-\frac{15}{28}y^2$ を 28 倍して，$28x^2+23xy-15y^2$ にする．(1)と同様にして

$$28x^2+23xy-15y^2 = (4x+5y)(7x-3y)$$

$$x^2+\frac{23}{28}xy-\frac{15}{28}y^2 = \frac{1}{28}(4x+5y)(7x-3y)$$

(4)　$x^2-\frac{6}{5}xy+\frac{9}{25}y^2$ を 25 倍して，$25x^2-30xy+9y^2$ にする．

$$a^2x^2-2abxy+b^2y^2 = (ax-by)^2$$

$$a = 5, \quad b = 3$$

$$25x^2-30xy+9y^2 = (5x-3y)^2$$

$$x^2-\frac{6}{5}xy+\frac{9}{25}y^2 = \frac{1}{25}(5x-3y)^2$$

(5)　$\begin{aligned}[t] (a+b)^2-c^2 &= \{(a+b)+c\}\{(a+b)-c\} \\ &= (a+b+c)(a+b-c) \end{aligned}$

(6)　$(a+b)^2+(a+b)c = (a+b)(a+b+c)$

(7)　$\begin{aligned}[t] a^2+ca-b^2-cb &= a^2-b^2+ca-cb \\ &= (a+b)(a-b)+c(a-b) \\ &= (a+b+c)(a-b) \end{aligned}$

(8)　$\begin{aligned}[t] a^2b^2-a^2-b^2+1 &= 1-a^2-b^2+a^2b^2 \\ &= (1-a^2)-(1-a^2)b^2 \\ &= (1-a^2)(1-b^2) \\ &= (1+a)(1-a)(1+b)(1-b) \end{aligned}$

(9)　$\begin{aligned}[t] 2ab+c^2-a^2-b^2 &= c^2-(a^2-2ab+b^2) \\ &= c^2-(a-b)^2 \\ &= \{c+(a-b)\}\{c-(a-b)\} \\ &= (c+a-b)(c-a+b) \end{aligned}$

(10)　$\begin{aligned}[t] (a^2+b^2)^2-4a^2b^2 &= (a^2+b^2)^2-(2ab)^2 \\ &= \{(a^2+b^2)+2ab\} \\ &\quad \{(a^2+b^2)-2ab\} \\ &= (a+b)^2(a-b)^2 \end{aligned}$

(11)　$\begin{aligned}[t] & a^4-7a^2b^2+b^4 \\ &= a^4+2a^2b^2+b^4-9a^2b^2 \\ &= (a^2+b^2)^2-(3ab)^2 \\ &= \{(a^2+b^2)+3ab\}\{(a^2+b^2)-3ab\} \\ &= (a^2+3ab+b^2)(a^2-3ab+b^2) \end{aligned}$

(12)　$\begin{aligned}[t] a^4-10a^2b^2+9b^4 &= a^4-81b^4-10a^2b^2+90b^4 \\ &= (a^2-9b^2)(a^2+9b^2) \\ &\quad -10b^2(a^2-9b^2) \\ &= (a^2-b^2)(a^2-9b^2) \\ &= (a+b)(a-b) \\ &\quad (a+3b)(a-3b) \end{aligned}$

問題 2

(1)　x を含む項と含まない項に分ける．

$$1-ax-by+abxy=(1-by)-ax(1-by)$$
$$=(1-by)(1-ax)$$
$$=(1-ax)(1-by)$$

(2)　a を含む項と含まない項に分ける．

$$x^3+(1+a)x^2+(a+b)x+ab$$
$$=a(x^2+x+b)+(x^3+x^2+bx)$$
$$=a(x^2+x+b)+x(x^2+x+b)$$
$$=(a+x)(x^2+x+b)=(x+a)(x^2+x+b)$$

(3)　a の降ベキの順，つまり，a^2 の項，a の項，定数項の順にならべる．

$$x^3+(a-1)x^2+(a+1)x+a^2-1$$
$$=a^2+(x^2+x)a+(x^3-x^2+x-1)$$
$$=a^2+(x^2+x)a+(x^2+1)(x-1)$$
$$m+n=x^2+x,\quad mn=(x^2+1)(x-1)$$

となるような m,n を求める．

$$m=x^2+1,\quad n=x-1$$
$$a^2+(x^2+x)a+(x^2+1)(x-1)$$
$$=(a+m)(a+n)=(a+x^2+1)(a+x-1)$$
$$x^3+(a-1)x^2+(a+1)x+a^2-1$$
$$=(x^2+a+1)(x+a-1)$$

(4)　a の降ベキの順にならべる．

$$a^2+b^2+c^2+2ab+2bc+2ca$$
$$=a^2+2(b+c)a+(b^2+2bc+c^2)$$
$$=a^2+2(b+c)a+(b+c)^2=(a+b+c)^2$$

(5)　c の降ベキの順にならべる．

$$6a^2+6b^2+c^2+13ab+5bc+5ca$$
$$=c^2+5(a+b)c+(6a^2+13ab+6b^2)$$
$$=c^2+5(a+b)c+(2a+3b)(3a+2b)$$
$$m+n=5(a+b),\quad mn=(2a+3b)(3a+2b)$$

となるような m,n を求める．

$$m=2a+3b,\quad n=3a+2b$$
$$c^2+5(a+b)c+(2a+3b)(3a+2b)$$
$$=(c+m)(c+n)=(c+2a+3b)(c+3a+2b)$$
$$6a^2+6b^2+c^2+13ab+5bc+5ca$$
$$=(c+2a+3b)(c+3a+2b)$$
$$=(2a+3b+c)(3a+2b+c)$$

(6)　$2b^2c^2+2c^2a^2+2a^2b^2-a^4-b^4-c^4$

$$=(a^2b^2+c^2a^2-a^4)+(b^2c^2+a^2b^2-b^4)$$
$$+(c^2a^2+b^2c^2-c^4)$$
$$=a^2(b^2+c^2-a^2)+b^2(c^2+a^2-b^2)$$
$$+c^2(a^2+b^2-c^2)$$
$$=a^2(b^2+2bc+c^2-a^2)$$
$$+b^2(c^2+2ca+a^2-b^2)$$
$$+c^2(a^2+2ab+b^2-c^2)$$
$$-2(a^2bc+b^2ca+c^2ab)$$
$$=a^2\{(b+c)^2-a^2\}+b^2\{(c+a)^2-b^2\}$$
$$+c^2\{(a+b)^2-c^2\}-2abc(a+b+c)$$
$$=a^2(b+c+a)(b+c-a)$$
$$+b^2(c+a+b)(c+a-b)$$
$$+c^2(a+b+c)(a+b-c)$$
$$-2abc(a+b+c)$$
$$=(a+b+c)\{a^2(b+c-a)+b^2(c+a-b)$$
$$+c^2(a+b-c)-2abc\}$$

この{ }のなか $=a^2(b+c-a)+a(b^2+c^2-2bc)$

$$+b^2(c-b)+c^2(b-c)$$
$$=a^2(b+c-a)+a(b-c)^2$$
$$-(b^2-c^2)(b-c)$$
$$=a^2(b+c-a)-(b+c-a)(b-c)^2$$
$$=(b+c-a)\left\{a^2-(b-c)^2\right\}$$
$$=(b+c-a)(c+a-b)(a+b-c)$$
$$2b^2c^2+2c^2a^2+2a^2b^2-a^4-b^4-c^4$$
$$=(a+b+c)(b+c-a)(c+a-b)(a+b-c)$$

この因数分解は，ヘロンの公式に関係しています．

$$s=\frac{a+b+c}{2}$$

とおけば

$$s-a=\frac{b+c-a}{2},\ s-b=\frac{c+a-b}{2},\ s-c=\frac{a+b-c}{2}$$
$$(a+b+c)(b+c-a)(c+a-b)(a+b-c)$$
$$=16s(s-a)(s-b)(s-c)$$

与えられた三角形の 3 辺の長さを a,b,c，面積を S とすれば，

$$S^2=s(s-a)(s-b)(s-c)$$

となります．これがヘロンの公式です．ヘロンの公式については，第 3 巻『代数で幾何を解く―解析幾何』でくわしくお話しします．

(7)　$f(x)=x^4+4x^3+6x^2+4x+1$ とおく．

[このような $f(x)$ を，変数を x とする関数といいます．ここで考えている関数 $f(x)$ は変数 x の 4 次関数になるわけです．]

$x=-1$ のときの関数 $f(x)$ の値を計算する．この値は $f(-1)$ のようにあらわせば

$f(-1)$

$$=(-1)^4+4\times(-1)^3+6\times(-1)^2+4\times(-1)+1$$

$= 1-4+6-4+1 = 0$

したがって，$f(x)$ は $x-(-1)=x+1$ で割り切れる．

$$x^4+4x^3+6x^2+4x+1 = (x+1)(x^3+3x^2+3x+1) = (x+1)(x+1)^3 = (x+1)^4$$

(8)　$f(x)=x^3-7x+6$ とおく．

$$f(1) = 1^3-7\times1+6 = 1-7+6 = 0$$

したがって，$f(x)$ は $x-1$ で割り切れる．

$$x^3-7x+6 = (x-1)(x^2+x-6) = (x-1)(x-2)(x+3)$$

(9)　$f(x)=x^3-6x^2+11x-6$ とおく．

$$f(1) = 1-6+11-6 = 0$$

したがって，$f(x)$ は $x-1$ で割り切れる．

$$x^3-6x^2+11x-6 = (x-1)(x^2-5x+6) = (x-1)(x-2)(x-3)$$

(10)　$f(x)=x^3-x^2-14x+24$ とおく．

$$f(2) = 2^3-2^2-14\times2+24 = 8-4-28+24 = 0$$

したがって，$f(x)$ は $x-2$ で割り切れる．

$$f(x) = (x-2)(x-3)(x+4)$$

(11)　$f(x)=x^4-10x^3+35x^2-50x+24$ とおく．

$$f(1) = 1-10+35-50+24 = 0$$

したがって，$f(x)$ は $x-1$ で割り切れる．

$$x^4-10x^3+35x^2-50x+24 = (x-1)(x^3-9x^2+26x-24)$$

$g(x)=x^3-9x^2+26x-24$ とおく．

$g(2) = 2^3-9\times2^2+26\times2-24 = 8-36+52-24 = 0$

したがって，$g(x)$ は $x-2$ で割り切れる．

$$g(x) = (x-2)(x^2-7x+12) = (x-2)(x-3)(x-4)$$

$$x^4-10x^3+35x^2-50x+24 = (x-1)(x-2)(x-3)(x-4)$$

(12)　$f(x)=x^4+5x^3+x^2-21x-18$ とおく．

$$f(2) = 2^4+5\times2^3+2^2-21\times2-18 = 0$$

したがって，$f(x)$ は $x-2$ で割り切れる．

$$x^4+5x^3+x^2-21x-18 = (x+1)(x-2)(x+3)^2$$

❖ 第6章　平方根と無理数

問題1

(1)
$$\frac{1}{\sqrt{3}+\sqrt{2}}+\frac{1}{\sqrt{3}-\sqrt{2}} = \frac{\left(\sqrt{3}-\sqrt{2}\right)+\left(\sqrt{3}+\sqrt{2}\right)}{\left(\sqrt{3}+\sqrt{2}\right)\left(\sqrt{3}-\sqrt{2}\right)} = 2\sqrt{3}$$

(2)
$$\frac{1}{\sqrt{7}-\sqrt{5}}-\frac{1}{\sqrt{7}+\sqrt{5}} = \frac{\left(\sqrt{7}+\sqrt{5}\right)-\left(\sqrt{7}-\sqrt{5}\right)}{\left(\sqrt{7}-\sqrt{5}\right)\left(\sqrt{7}+\sqrt{5}\right)} = \sqrt{5}$$

(3)
$$\frac{1}{\sqrt{3}+\sqrt{2}+\sqrt{6}}+\frac{1}{\sqrt{3}+\sqrt{2}-\sqrt{6}} = \frac{\left(\sqrt{3}+\sqrt{2}-\sqrt{6}\right)+\left(\sqrt{3}+\sqrt{2}+\sqrt{6}\right)}{\left(\sqrt{3}+\sqrt{2}+\sqrt{6}\right)\left(\sqrt{3}+\sqrt{2}-\sqrt{6}\right)}$$
$$= \frac{2\left(\sqrt{3}+\sqrt{2}\right)}{2\sqrt{6}-1} = \frac{2\left(\sqrt{3}+\sqrt{2}\right)\left(2\sqrt{6}+1\right)}{\left(2\sqrt{6}-1\right)\left(2\sqrt{6}+1\right)} = \frac{10\sqrt{3}+14\sqrt{2}}{23}$$

(4)
$$\frac{1}{\sqrt{15}-\sqrt{5}+\sqrt{3}}-\frac{1}{\sqrt{15}+\sqrt{5}+\sqrt{3}} = \frac{\left(\sqrt{15}+\sqrt{5}+\sqrt{3}\right)-\left(\sqrt{15}-\sqrt{5}+\sqrt{3}\right)}{\left(\sqrt{15}-\sqrt{5}+\sqrt{3}\right)\left(\sqrt{15}+\sqrt{5}+\sqrt{3}\right)}$$
$$= \frac{2\sqrt{5}}{6\sqrt{5}+13} = \frac{2\sqrt{5}\left(6\sqrt{5}-13\right)}{\left(6\sqrt{5}+13\right)\left(6\sqrt{5}-13\right)} = \frac{60-26\sqrt{5}}{11}$$

(5)
$$\frac{1}{\sqrt{14+6\sqrt{5}}}+\frac{1}{\sqrt{14-6\sqrt{5}}} = \frac{1}{3+\sqrt{5}}+\frac{1}{3-\sqrt{5}} = \frac{\left(3-\sqrt{5}\right)+\left(3+\sqrt{5}\right)}{\left(3+\sqrt{5}\right)\left(3-\sqrt{5}\right)} = \frac{6}{4} = \frac{3}{2}$$

(6)
$$\frac{1}{\sqrt{7-4\sqrt{3}}}-\frac{1}{\sqrt{7+4\sqrt{3}}} = \frac{1}{2-\sqrt{3}}-\frac{1}{2+\sqrt{3}} = \frac{\left(2+\sqrt{3}\right)-\left(2-\sqrt{3}\right)}{\left(2-\sqrt{3}\right)\left(2+\sqrt{3}\right)} = 2\sqrt{3}$$

(7)
$$\frac{1}{\sqrt{14+6\sqrt{5}}+\sqrt{14-6\sqrt{5}}} = \frac{1}{\left(3+\sqrt{5}\right)+\left(3-\sqrt{5}\right)} = \frac{1}{6}$$

(8)
$$\frac{1}{\sqrt{7+4\sqrt{3}}-\sqrt{7-4\sqrt{3}}} = \frac{1}{\left(2+\sqrt{3}\right)-\left(2-\sqrt{3}\right)} = \frac{1}{2\sqrt{3}} = \frac{\sqrt{3}}{6}$$

問題2

(1)　まず，$a=x$，$b=1$ として x の二次方程式の根を求める．

$$x^2+\left(\sqrt{3}+1\right)x+\left(5\sqrt{3}-8\right) = 0$$

$$x^2+\left(\sqrt{3}+1\right)x+\left(\frac{\sqrt{3}+1}{2}\right)^2$$

$$= -(5\sqrt{3}-8)+\left(\frac{\sqrt{3}+1}{2}\right)^2$$
$$= \frac{36-18\sqrt{3}}{4}$$
$$\left(x+\frac{\sqrt{3}+1}{2}\right)^2 = \left(\frac{3\sqrt{3}-3}{2}\right)^2$$
$$x = -\frac{\sqrt{3}+1}{2} \pm \frac{3\sqrt{3}-3}{2}$$
$$= \sqrt{3}-2 \quad \text{あるいは} \quad -2\sqrt{3}+1$$

したがって

$$a^2+(\sqrt{3}+1)ab+(5\sqrt{3}-8)b^2$$
$$= \{a-(\sqrt{3}-2)b\}\{a+(2\sqrt{3}-1)b\}$$

(2) $$x^2-2(\sqrt{2}+\sqrt{3})x+(2\sqrt{6}-1) = 0$$
$$x^2-2(\sqrt{2}+\sqrt{3})x+(\sqrt{2}+\sqrt{3})^2$$
$$= -(2\sqrt{6}-1)+(\sqrt{2}+\sqrt{3})^2 = 6$$
$$\{x+(\sqrt{2}+\sqrt{3})\}^2 = (\sqrt{6})^2$$
$$x = -(\sqrt{2}+\sqrt{3})\pm\sqrt{6}$$
$$a^2-2(\sqrt{2}+\sqrt{3})ab+(2\sqrt{6}-1)b^2$$
$$= \{a+(\sqrt{2}+\sqrt{3}+\sqrt{6})b\}$$
$$\{a+(\sqrt{2}+\sqrt{3}-\sqrt{6})b\}$$

(3) $$x^2+2(\sqrt{3}+\sqrt{6})x-2 = 0$$
$$x^2+2(\sqrt{3}+\sqrt{6})x+(\sqrt{3}+\sqrt{6})^2$$
$$= 2+(\sqrt{3}+\sqrt{6})^2 = 11+6\sqrt{2}$$
$$\{x+(\sqrt{3}+\sqrt{6})\}^2 = (3+\sqrt{2})^2$$
$$x = -(\sqrt{3}+\sqrt{6})\pm(3+\sqrt{2})$$
$$a^2+2(\sqrt{3}+\sqrt{6})ab-2b^2$$
$$= \{a+(\sqrt{6}+\sqrt{3}+\sqrt{2}+3)b\}$$
$$\{a+(\sqrt{6}+\sqrt{3}-\sqrt{2}-3)b\}$$

(4) $$x^4+1 = (x^4+2x^2+1)-2x^2$$
$$= (x^2+1)^2-(\sqrt{2}x)^2$$
$$= (x^2+\sqrt{2}x+1)(x^2-\sqrt{2}x+1)$$

[$x^2+\sqrt{2}x+1$ または $x^2-\sqrt{2}x+1$ をさらに因数分解する可能性があるでしょうか．たとえば，$x^2+\sqrt{2}x+1$ を取り上げてみましょう．

$$x^2+\sqrt{2}x+1 = 0$$
$$x^2+\sqrt{2}x+\left(\frac{\sqrt{2}}{2}\right)^2 = -1+\left(\frac{\sqrt{2}}{2}\right)^2 = -\frac{1}{2}$$

もしかりに自乗して $-\frac{1}{2}$ となるような数があるとして，$\sqrt{-\frac{1}{2}}$ とあらわすとすれば

$$\left(x+\frac{\sqrt{2}}{2}\right)^2 = \left(\sqrt{-\frac{1}{2}}\right)^2$$
$$x+\frac{\sqrt{2}}{2} = \pm\sqrt{-\frac{1}{2}}$$
$$x^2+\sqrt{2}x+1$$
$$= \left(x+\frac{\sqrt{2}}{2}+\sqrt{-\frac{1}{2}}\right)\left(x+\frac{\sqrt{2}}{2}-\sqrt{-\frac{1}{2}}\right)$$

じっさいには自乗して負数 $-\frac{1}{2}$ になるような数 $\sqrt{-\frac{1}{2}}$ は存在しませんが，このような数 $\sqrt{-\frac{1}{2}}$ があたかも存在するかのように考えると，むずかしい数学の問題をかんたんに解くことができます．このような数を虚数といいます．現実に存在しない数という意味です．虚数については，第3巻『代数で幾何を解く—解析幾何』でくわしく説明します．]

(5) $$x^4+2x^2+4 = (x^4+4x^2+4)-2x^2$$
$$= (x^2+2)^2-(\sqrt{2}x)^2$$
$$= (x^2+\sqrt{2}x+2)(x^2-\sqrt{2}x+2)$$

(6) $$x^2+y^2+z^2+\frac{5}{2}yz+\frac{3}{\sqrt{2}}zx+\frac{3}{\sqrt{2}}xy$$
$$= x^2+\frac{3}{\sqrt{2}}(y+z)x+\left(y^2+\frac{5}{2}yz+z^2\right)$$
$$= x^2+\frac{3}{\sqrt{2}}(y+z)x$$
$$+\left(\sqrt{2}y+\frac{1}{\sqrt{2}}z\right)\left(\frac{1}{\sqrt{2}}y+\sqrt{2}z\right)$$
$$= \left(x+\sqrt{2}y+\frac{1}{\sqrt{2}}z\right)\left(x+\frac{1}{\sqrt{2}}y+\sqrt{2}z\right)$$

問題3

(1) 第1の方程式の13倍から第2の方程式の3倍を引くと

$$4x^2-16xy+7y^2 = 0$$
$$(2x-y)(2x-7y) = 0$$
$$y = 2x \quad \text{あるいは} \quad y = \frac{2}{7}x$$

第1の方程式に代入して

$$x = \pm 1,\ y = \pm 2$$
$$\text{あるいは} \quad x = \pm\frac{7}{\sqrt{13}},\ y = \pm\frac{2}{\sqrt{13}}$$

(2) 第1の方程式を2倍して第2の方程式に加える．

$$9x^2+8xy-y^2 = 0$$
$$(x+y)(9x-y) = 0$$
$$y = -x \quad \text{あるいは} \quad y = 9x$$

第1の方程式に代入して

$$x=\pm\frac{1}{2},\ y=\mp\frac{1}{2}$$

あるいは　$x=\pm\dfrac{1}{\sqrt{134}},\ y=\pm\dfrac{9}{\sqrt{134}}$

問題4　まず，条件式の両辺を逆数をとる．

$$\frac{1}{\sqrt{(x+3)^2+y^2}+\sqrt{(x-3)^2+y^2}}=\frac{1}{10}$$

この式の左辺の分母，分子に $\sqrt{(x+3)^2+y^2}-\sqrt{(x-3)^2+y^2}$ を掛ける．分母は

$$\left(\sqrt{(x+3)^2+y^2}+\sqrt{(x-3)^2+y^2}\right)\times\left(\sqrt{(x+3)^2+y^2}-\sqrt{(x-3)^2+y^2}\right)=\left(\sqrt{(x+3)^2+y^2}\right)^2-\left(\sqrt{(x-3)^2+y^2}\right)^2=12x$$

となるので

$$\sqrt{(x+3)^2+y^2}-\sqrt{(x-3)^2+y^2}=\frac{6}{5}x$$

最初の条件式と足し合わせて，2で割れば

$$\sqrt{(x+3)^2+y^2}=5+\frac{3}{5}x$$

両辺を自乗して整理すると

$$\frac{x^2}{5^2}+\frac{y^2}{4^2}=1$$

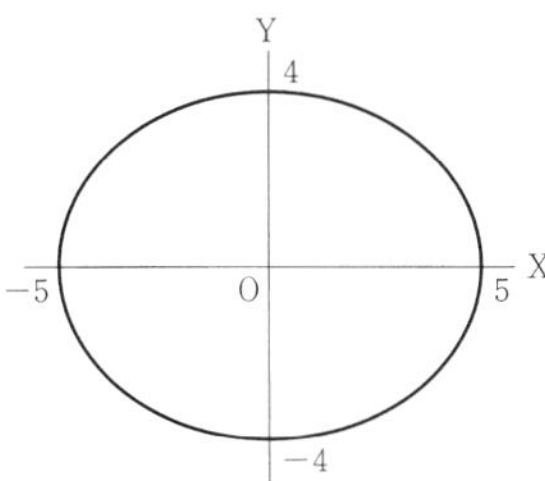

図-解答-1

問題5　まず，条件式の両辺を逆数をとる．

$$\frac{1}{\sqrt{y^2+(x+5)^2}-\sqrt{y^2+(x-5)^2}}=\frac{1}{6}$$

この式の左辺の分母，分子に $\sqrt{y^2+(x+5)^2}+\sqrt{y^2+(x-5)^2}$ を掛けて整理すれば

$$\sqrt{y^2+(x+5)^2}+\sqrt{y^2+(x-5)^2}=\frac{10}{3}x$$

最初の条件式と足し合わせて，2で割れば

$$\sqrt{y^2+(x+5)^2}=3+\frac{5}{3}x$$

このとき，左辺が0以上なので $3+\dfrac{5}{3}x\geqq 0$.

$$\frac{x^2}{3^2}-\frac{y^2}{4^2}=1,\qquad x\geqq-\frac{9}{5}$$

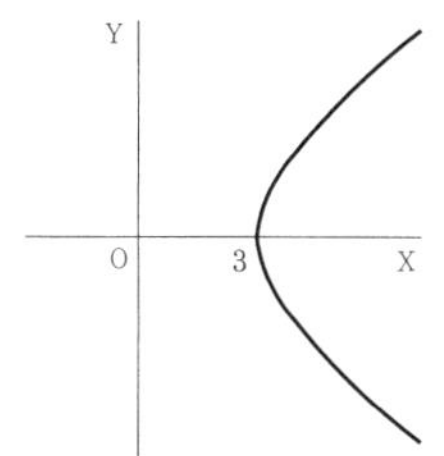

図-解答-2

［問題3, 4の図形はそれぞれ楕円，双曲線です．楕円，双曲線については，第3巻『代数で幾何を解く―解析幾何』でくわしく説明します．基本的には，この解法の考え方を使います．］

❖ 第7章　二次方程式の根の公式

問題1　二次方程式の根の公式を適用する．

(1)　$x=\dfrac{293\pm\sqrt{85849-47040}}{56}$

$$=\frac{293\pm\sqrt{38809}}{56}=\frac{293\pm197}{56}=\frac{35}{4},\frac{12}{7}$$

(2)　$x=\dfrac{-237\pm\sqrt{56169+186880}}{80}$

$$=\frac{-237\pm\sqrt{243049}}{80}=\frac{-237\pm493}{80}=\frac{16}{5},-\frac{73}{8}$$

(3)　分母をはらって，$35x^2+62x+24=0$.

$$x=\frac{-62\pm\sqrt{3844-3360}}{70}$$

$$=\frac{-62\pm\sqrt{484}}{70}=\frac{-62\pm22}{70}=-\frac{4}{7},-\frac{6}{5}$$

(4)　分母をはらって，$221x^2-6x-35=0$.

$$x=\frac{6\pm\sqrt{36+30940}}{442}$$

$$=\frac{6\pm\sqrt{30976}}{442}=\frac{6\pm176}{442}=\frac{7}{17},-\frac{5}{13}$$

(5)　分母をはらって，$\left(\sqrt{3}-\sqrt{2}\right)x^2-2x+\left(\sqrt{3}+\sqrt{2}\right)=0$.

$$x=\frac{1\pm\sqrt{1-\left(\sqrt{3}-\sqrt{2}\right)\left(\sqrt{3}+\sqrt{2}\right)}}{\sqrt{3}-\sqrt{2}}$$

$$=\frac{1\pm0}{\sqrt{3}-\sqrt{2}}=\frac{1}{\sqrt{3}-\sqrt{2}}=\sqrt{3}+\sqrt{2}$$

(6) $x^2-2ax+a^2-b^2$

$$= x^2-\{(a+b)+(a-b)\}x$$
$$+(a+b)(a-b)$$
$$= \{x-(a+b)\}\{x-(a-b)\} = 0$$

$x = a+b$　あるいは　$a-b$

(7) $x^2-(a-8b)x-2a^2-ab+15b^2$

$$= x^2+\{(a+3b)-(2a-5b)\}x$$
$$-(a+3b)(2a-5b)$$
$$= \{x+(a+3b)\}\{x-(2a-5b)\} = 0$$

$x = -a-3b$　あるいは　$2a-5b$

(8) $(b-c)x^2+(c-a)x+(a-b)$

$$= a(1-x)+(b-c)x^2+cx-b$$
$$= -a(x-1)+(b-c)(x^2-1)+c(x-1)$$
$$= (x-1)\{(b-c)(x+1)-a+c\}$$
$$= (x-1)\{(b-c)x-(a-b)\} = 0$$

$x = 1$　あるいは　$\dfrac{a-b}{b-c}$

問題 2

(1)
$$\frac{1}{x-1}-\frac{1}{x+1} = \frac{2}{3}$$
$$(x+1)-(x-1) = \frac{2}{3}(x-1)(x+1)$$
$$x^2-4 = 0$$
$$x = 2, -2$$

どちらも，方程式の分母を0にしないから，解として適格である．

(2)
$$\frac{1}{x-2}+\frac{1}{x+3} = \frac{3}{10}$$
$$(x+3)+(x-2) = \frac{3}{10}(x-2)(x+3)$$
$$10(2x+1) = 3(x^2+x-6)$$
$$3x^2-17x-28 = 0$$
$$(x-7)(3x+4) = 0$$
$$x = 7, -\frac{4}{3}$$

(3)
$$\sqrt{x+4}+\sqrt{x-1} = 5$$

両辺から $\sqrt{x-1}$ を引いてから，自乗する．

$$\left(\sqrt{x+4}\right)^2 = \left(5-\sqrt{x-1}\right)^2$$
$$x+4 = 25-10\sqrt{x-1}+x-1$$
$$\sqrt{x-1} = 2$$
$$x-1 = 4$$
$$x = 5$$

[別解]　両辺の逆数をとって，有理化する．

$$\frac{1}{\sqrt{x+4}+\sqrt{x-1}} = \frac{1}{5}$$
$$\frac{\sqrt{x+4}-\sqrt{x-1}}{\left(\sqrt{x+4}\right)^2-\left(\sqrt{x-1}\right)^2} = \frac{1}{5}$$
$$\sqrt{x+4}-\sqrt{x-1} = 1$$

与えられた方程式の両辺と足し合わせて，2で割れば

$$\sqrt{x+4} = 3, \quad x+4 = 9, \quad x = 5$$

(4)
$$\sqrt{x+4}+\sqrt{x-3} = \sqrt{4x+1}$$
$$\left(\sqrt{x+4}+\sqrt{x-3}\right)^2 = 4x+1$$
$$2\sqrt{x+4}\sqrt{x-3} = 2x$$
$$x^2+x-12 = x^2$$
$$x = 12$$

(5)
$$\sqrt{3x+7} = \sqrt{2x+3}+1$$
$$3x+7 = \left(\sqrt{2x+3}+1\right)^2$$
$$3x+7 = 2x+4+2\sqrt{2x+3}$$
$$x+3 = 2\sqrt{2x+3}$$
$$x^2+6x+9 = 8x+12$$
$$x^2-2x-3 = 0$$
$$(x-3)(x+1) = 0$$
$$x = 3, -1$$

どちらも解として適格．

(6)
$$\sqrt{3x-2}-\sqrt{x+3} = \sqrt{x-5}$$
$$\left(\sqrt{3x-2}-\sqrt{x+3}\right)^2 = x-5$$
$$2\sqrt{3x-2}\sqrt{x+3} = 3x+6$$
$$4(3x^2+7x-6) = 9x^2+36x+36$$
$$3x^2-8x-60 = 0$$
$$(x-6)(3x+10) = 0$$
$$x = 6, -\frac{10}{3}$$

$x=6$ のとき，$3x-2, x+3>0$ だから，解となる．$x=-\dfrac{10}{3}$ は，$3x-2, x+3<0$ だから，解としては不適．

(7)
$$\sqrt{x+7}+\sqrt{x-5} = \sqrt{3x+9}$$
$$\left(\sqrt{x+7}+\sqrt{x-5}\right)^2 = 3x+9$$
$$2\sqrt{x+7}\sqrt{x-5} = x+7$$
$$4(x^2+2x-35) = x^2+14x+49$$
$$3x^2-6x-189 = 0$$
$$x^2-2x-63 = 0$$
$$(x-9)(x+7) = 0$$
$$x = 9, -7$$

$x=9$ のとき，$x+7, x-5>0$ だから，解となる．x

$=-7$ は，$x-5<0$ だから，解としては不適．

(8)
$$\sqrt{3x^2-5x+7}=2x-1$$
$$3x^2-5x+7=4x^2-4x+1$$
$$x^2+x-6=0$$
$$(x-2)(x+3)=0$$
$$x=2,\ -3$$
$x=-3$ は上の方程式の解としては不適，$x=2$ が解となる．

問題 3

(1) (8, 15) が $y=mx+n$ の上にあるから
$$n=-(8m-15),\quad y=mx-(8m-15)$$
二次関数の方程式に代入して，整理すれば
$$mx-(8m-15)=x^2$$
$$x^2-mx+(8m-15)=0$$
交点がただ 1 つであるための必要，十分条件は判別式 D が 0 となることである．
$$D=m^2-4(8m-15)=0$$
$$m^2-32m+60=0$$
$$(m-2)(m-30)=0$$
$$(m,n)=(2,-1),(30,-225)$$

(2) (2, 3) が $y=mx+n$ の上にあるから
$$n=-(2m-3),\quad y=mx-(2m-3)$$
$$mx-(2m-3)=x^2+6x-4$$
$$x^2-(m-6)x+(2m-7)=0$$
$$D=(m-6)^2-4(2m-7)=0$$
$$m^2-20m+64=0$$
$$(m-4)(m-16)=0$$
$$(m,n)=(4,-5),(16,-29)$$

(3) (p,q) が $y=mx+n$ の上にあるから
$$q=mp+n$$
$$y=mx-(mp-q)$$
$y=x^2$ に代入して，整理すれば
$$x^2-mx+(mp-q)=0$$
$$D=m^2-4mp+4q=0$$
$$m=2p\pm 2\sqrt{p^2-q}$$
$$n=-(mp-q)=-\left(2p^2-q\pm 2p\sqrt{p^2-q}\right)$$

(4) (3, 4) が $y=mx+n$ の上にあるから
$$n=-(3m-4),\quad y=mx-(3m-4)$$
$$x^2+\{mx-(3m-4)\}^2=5$$
$$(1+m^2)x^2-2m(3m-4)x+\{(3m-4)^2-5\}=0$$
$$\frac{1}{4}D=m^2(3m-4)^2-(1+m^2)\{(3m-4)^2-5\}=0$$
$$(3m-4)^2-5(1+m^2)=0$$
$$4m^2-24m+11=0$$
$$(2m-1)(2m-11)=0$$
$$(m,n)=\left(\frac{1}{2},\frac{5}{2}\right),\left(\frac{11}{2},-\frac{25}{2}\right)$$

(5) 方程式を整理して
$$(x-3)^2+(y+1)^2=4$$
$X=x-3$，$Y=y+1$ とおけば
$$X^2+Y^2=4$$
(4, 3) が $y=mx+n$ の上にあるから
$$n=-(4m-3),\quad 3=4m+n$$
直線の方程式も書きなおして
$$(y+1)=m(x-3)+(3m+n+1)$$
$$=m(x-3)-(m-4)$$
$$Y=mX-(m-4)$$
$$X^2+\{mX-(m-4)\}^2=4$$
$$(1+m^2)X^2-2m(m-4)X+\{(m-4)^2-4\}=0$$
$$\frac{1}{4}D=m^2(m-4)^2-(1+m^2)\{(m-4)^2-4\}=0$$
$$-(m-4)^2+4(1+m^2)=0$$
$$3m^2+8m-12=0$$
$$m=\frac{-4\pm 2\sqrt{13}}{3},\quad n=-\frac{-25\pm 8\sqrt{13}}{3}$$

(6) (p,q) が $y=mx+n$ の上にあるから
$$n=-(mp-q),\quad y=mx-(mp-q)$$
$x^2+y^2=1$ に代入して，整理すれば
$$x^2+\{mx-(mp-q)\}^2=1$$
$$(1+m^2)x^2-2m(mp-q)x+\{(mp-q)^2-1\}=0$$
$$\frac{1}{4}D=m^2(mp-q)^2-(1+m^2)\{(mp-q)^2-1\}=0$$
$$(mp-q)^2-(1+m^2)=0$$
$$(p^2-1)m^2-2pqm+(q^2-1)=0$$
$$m=\frac{pq\pm\sqrt{p^2+q^2-1}}{p^2-1},\quad n=-\frac{q\pm p\sqrt{p^2+q^2-1}}{p^2-1}$$
ここで，$(p^2-1)m^2-2pqm+(q^2-1)=0$ の判別式を△とおけば
$$\frac{1}{4}\triangle=p^2q^2-(p^2-1)(q^2-1)=p^2+q^2-1$$
したがって，上の m の二次方程式が根をもつためには
$$p^2+q^2\geqq 1$$
という条件がみたされていなければならない．

(7) $X=\dfrac{x}{4}$，$Y=\dfrac{y}{3}$ とおけば

$$X^2+Y^2=1$$

直線の方程式も書きなおして

$$Y=MX+N, \quad M=\frac{4}{3}m, \quad N=\frac{1}{3}n$$

この直線は $(X, Y)=\left(\frac{8}{4}, \frac{9}{3}\right)=(2, 3)$ を通るから

$$Y=MX-(2M-3), \quad N=-(2M-3)$$

$$X^2+\{MX-(2M-3)\}^2=1$$

$$(1+M^2)X^2-2M(2M-3)X+\{(2M-3)^2-1\}=0$$

$$\frac{1}{4}D=M^2(2M-3)^2-(1+M^2)\{(2M-3)^2-1\}=0$$

$$(2M-3)^2-(1+M^2)=0$$

$$3M^2-12M+8=0$$

$$M=\frac{6\pm2\sqrt{3}}{3}, \quad N=-\frac{3\pm4\sqrt{3}}{3}$$

$$m=\frac{3\pm\sqrt{3}}{2}, \quad n=-\left(3\pm4\sqrt{3}\right)$$

(8)　$X=\dfrac{x}{a}$，$Y=\dfrac{y}{b}$ とおけば

$$X^2+Y^2=1$$

直線の方程式も書きなおして

$$Y=MX+N, \quad M=\frac{a}{b}m, \quad N=\frac{1}{b}n,$$

$$P=\frac{p}{a}, \quad Q=\frac{q}{b}$$

問題(6)をそのまま適用することができる．

(9)　$(4, -3)$ が $y=mx+n$ の上にあるから

$$n=-(4m+3), \quad y=mx-(4m+3)$$

$xy=1$ に代入して，整理すれば

$$x\{mx-(4m+3)\}=1$$

$$mx^2-(4m+3)x-1=0$$

$$D=(4m+3)^2+4m=0$$

$$16m^2+28m+9=0$$

$$m=-\frac{7\pm\sqrt{13}}{8}, \quad n=\frac{1\pm\sqrt{13}}{2}$$

(10)　(p, q) が $y=mx+n$ の上にあるから

$$n=-(mp-q), \quad y=mx-(mp-q)$$

$xy=1$ に代入して，整理すれば

$$x\{mx-(mp-q)\}=1$$

$$mx^2-(mp-q)x-1=0$$

$$D=(mp-q)^2+4m=0$$

$$p^2m^2+2(2-pq)m+q^2=0$$

$$m=-\frac{2\pm2\sqrt{1-pq}}{p^2}+\frac{q}{p}, \quad n=\frac{2\pm2\sqrt{1-pq}}{p}$$

ここで，上の m の二次方程式が根をもつためには

$$pq \leqq 1$$

という条件がみたされていなければならない．

［上の問題はいずれも，ある点から円錐（えんすい）曲線に引いた接線の方程式を求めるという問題です．問題(1)〜(3)は放物線，問題(4)〜(6)は円，問題(7), (8)は楕円，問題(9), (10)は双曲線です．円錐曲線については，第3巻『代数で幾何を解く―解析幾何』でくわしくお話ししますが，上の解答の考え方が中心になります．］

問題 4

(1)　$x=2, 3, 0$ のとき，y の値がそれぞれ $0, 0, 6$ となるから

$$4a+2b+c=0, \quad 9a+3b+c=0, \quad c=6$$

$c=6$ をはじめの2式に代入して

$$4a+2b=-6$$

$$9a+3b=-6$$

この2式を a, b を未知数とする連立二元一次方程式と考えて，解を求めると

$$a=1, \quad b=-5$$

(2)　$x=-1, 2, 3$ のとき，y の値がそれぞれ $10, 13, 26$ となるから

$$a-b+c=10$$

$$4a+2b+c=13$$

$$9a+3b+c=26$$

第1式と第2式，および第1式と第3式から c を消去すれば

$$3a+3b=3$$

$$8a+4b=16$$

この2式を a, b を未知数とする連立二元一次方程式と考えて，解を求めると

$$a=3, \quad b=-2$$

また，第1式から，$c=5$．

(3)　$y=ax^2+bx+c=a\left(x+\dfrac{b}{2a}\right)^2+\left(c-\dfrac{b^2}{4a}\right)$

頂点が $(2, 10)$ にあるから

$$\frac{b}{2a}=-2, \quad c-\frac{b^2}{4a}=10$$

$$y=a(x-2)^2+10$$

として，$(x, y)=(3, 7)$ から

$$7=a+10$$

$$9a-12a+(10+4a)=7$$
$$a=-3,\quad b=12,\quad c=-2$$

(4)　$y=ax^2+bx+c=a\left(x+\dfrac{b}{2a}\right)^2+\left(c-\dfrac{b^2}{4a}\right)$

頂点が $(5, -10)$ にあるから

$$\frac{b}{2a}=-5,\quad c-\frac{b^2}{4a}=-10$$
$$y=a(x-5)^2-10$$

として，$(x, y)=(0, 40)$ から

$$40=25a-10$$
$$a=2,\quad b=-20,\quad c=40$$

(5)　頂点が $(2, 3)$ で，1 根が 5 であるから，もう 1 つの根を β とすれば

$$5+\beta=2\times2,\quad \beta=-1$$

したがって，$ax^2+bx+c=a(x-5)(x+1)=a(x^2-4x-5)$.

故に，$b=-4a$，$c=-5a$.

また，$a(2-5)(2+1)=3$，$-9a=3$，$a=-\dfrac{1}{3}$.

問題 5

(1)　条件式を y について解くと

$$y=12-x$$
$$x^2+y^2=x^2+(12-x)^2=2x^2-24x+144$$
$$=2(x^2-12x)+144=2(x-6)^2+72$$

したがって，x^2+y^2 は $x=6$，$y=6$ のとき，最小となり，その値は 72 である.

(2)　条件式を y について解くと

$$y=\frac{25}{2}-\frac{3}{4}x$$
$$x^2+y^2=x^2+\left(\frac{25}{2}-\frac{3}{4}x\right)^2=\frac{25}{16}x^2-\frac{75}{4}x+\frac{625}{4}$$
$$=\frac{25}{16}(x^2-12x)+\frac{625}{4}=\frac{25}{16}(x-6)^2+100$$

x^2+y^2 は $x=6$，$y=8$ のとき，最小となり，その値は 100 である.

問題 6

(1)　条件式を y について解くと

$$y=12-x$$
$$xy=x(12-x)=12x-x^2=-(x-6)^2+36$$

したがって，xy は $x=6$，$y=6$ のとき，最大となり，その値は 36 である.

(2)　条件式を y について解くと

$$y=\frac{25}{2}-\frac{3}{4}x$$
$$xy=x\left(\frac{25}{2}-\frac{3}{4}x\right)=\frac{25}{2}x-\frac{3}{4}x^2$$
$$=-\frac{3}{4}\left(x-\frac{25}{3}\right)^2+\frac{625}{12}$$

したがって，xy は $x=\dfrac{25}{3}$，$y=\dfrac{25}{4}$ のとき，最大となり，その値は $\dfrac{625}{12}$ である.

問題 7

(1)　条件式を y について解くと

$$y=12-x$$
$$x^2-xy+y^2=x^2-x(12-x)+(12-x)^2$$
$$=3x^2-36x+144$$
$$=3(x^2-12x)+144=3(x-6)^2+36$$

x^2-xy+y^2 は $x=y=6$ のとき，最小となり，その値は 36 である.

(2)　条件式を y について解くと

$$y=\frac{25}{2}-\frac{3}{4}x$$
$$x^2-xy+y^2=x^2-x\left(\frac{25}{2}-\frac{3}{4}x\right)+\left(\frac{25}{2}-\frac{3}{4}x\right)^2$$
$$=\frac{37}{16}x^2-\frac{125}{4}x+\frac{625}{4}$$
$$=\frac{37}{16}\left(x^2-\frac{500}{37}x\right)+\frac{625}{4}$$
$$=\frac{37}{16}\left(x-\frac{250}{37}\right)^2+\frac{1875}{37}$$

x^2-xy+y^2 は $x=\dfrac{250}{37}$，$y=\dfrac{275}{37}$ のとき，最小となり，その値は $\dfrac{1875}{37}$ である.

問題 8　t を正数として，$x+y=t$ の条件のもとで

$$x^2-xy+y^2$$

を最小にするという問題を解けばよい.

$$x=y=\frac{t}{2},\quad x^2-xy+y^2=\frac{t^2}{4}$$
$$\frac{t^4}{4}=100,\quad t=20,\quad x=y=10,\quad x+y=20$$

問題 9　$\alpha+\beta=-\dfrac{5}{3}$，$\alpha\beta=\dfrac{1}{3}$

(1)　$(\alpha+1)+(\beta+1)=\alpha+\beta+2=-\dfrac{5}{3}+2=\dfrac{1}{3}$

$$(\alpha+1)(\beta+1)=\alpha\beta+\alpha+\beta+1=\frac{1}{3}-\frac{5}{3}+1=-\frac{1}{3}$$

$\alpha+1, \beta+1$ を根とする二次方程式は

$$x^2-\frac{1}{3}x-\frac{1}{3}=0, \quad 3x^2-x-1=0$$

(2) $$\left(\frac{1}{\alpha}+1\right)+\left(\frac{1}{\beta}+1\right)=\left(\frac{1}{\alpha}+\frac{1}{\beta}\right)+2=\frac{\beta+\alpha}{\alpha\beta}+2=\frac{-\frac{5}{3}}{\frac{1}{3}}+2=-5+2=-3$$

$$\left(\frac{1}{\alpha}+1\right)\left(\frac{1}{\beta}+1\right)=\frac{1}{\alpha\beta}+\frac{1}{\alpha}+\frac{1}{\beta}+1=\frac{1}{\alpha\beta}+\frac{\beta+\alpha}{\alpha\beta}+1=3-5+1=-1$$

$\frac{1}{\alpha}+1, \frac{1}{\beta}+1$ を根とする二次方程式は

$$x^2-(-3)x-1=0$$
$$x^2+3x-1=0$$

(3) $$(\alpha+\beta)+\alpha\beta=\left(-\frac{5}{3}\right)+\frac{1}{3}=-\frac{4}{3}$$

$$(\alpha+\beta)\alpha\beta=\left(-\frac{5}{3}\right)\times\frac{1}{3}=-\frac{5}{9}$$

$\frac{1}{\alpha}+\frac{1}{\beta}, \frac{1}{\alpha\beta}$ を根とする二次方程式は

$$x^2-\left(-\frac{4}{3}\right)x-\frac{5}{9}=0, \quad 9x^2+12x-5=0$$

(4) $$\frac{\alpha}{\beta}+\frac{\beta}{\alpha}=\frac{\alpha^2+\beta^2}{\alpha\beta}=\frac{(\alpha+\beta)^2}{\alpha\beta}-2=\frac{\left(-\frac{5}{3}\right)^2}{\frac{1}{3}}-2=\frac{25}{3}-2=\frac{19}{3}$$

$$\frac{\alpha}{\beta}\frac{\beta}{\alpha}=1$$

$\frac{\alpha}{\beta}, \frac{\beta}{\alpha}$ を根とする二次方程式は

$$x^2-\frac{19}{3}x+1=0, \quad 3x^2-19x+3=0$$

(5) $$\left(\alpha+\frac{1}{\beta}\right)+\left(\beta+\frac{1}{\alpha}\right)=(\alpha+\beta)+\left(\frac{1}{\beta}+\frac{1}{\alpha}\right)=(\alpha+\beta)+\frac{\alpha+\beta}{\alpha\beta}=\left(-\frac{5}{3}\right)+(-5)=-\frac{20}{3}$$

$$\left(\alpha+\frac{1}{\beta}\right)\times\left(\beta+\frac{1}{\alpha}\right)=\alpha\beta+\frac{1}{\alpha\beta}+2=\frac{1}{3}+3+2=\frac{16}{3}$$

$\alpha+\frac{1}{\beta}, \beta+\frac{1}{\alpha}$ を根とする二次方程式は

$$x^2-\left(-\frac{20}{3}\right)x+\frac{16}{3}=0, \quad 3x^2+20x+16=0$$

(6) $$\left(\frac{1}{\alpha}+\frac{1}{\beta}\right)+\frac{1}{\alpha\beta}=\frac{\alpha+\beta}{\alpha\beta}+\frac{1}{\alpha\beta}=(-5)+3=-2$$

$$\left(\frac{1}{\alpha}+\frac{1}{\beta}\right)\frac{1}{\alpha\beta}=\frac{\alpha+\beta}{\alpha\beta}\frac{1}{\alpha\beta}=(-5)\times 3=-15$$

$\frac{1}{\alpha}+\frac{1}{\beta}, \frac{1}{\alpha\beta}$ を根とする二次方程式は

$$x^2+2x-15=0$$

問題 10 $\alpha+\beta=-\frac{b}{a}, \ \alpha\beta=\frac{c}{a}$

(1) $$(\alpha+\beta)+\alpha\beta=-\frac{b}{a}+\frac{c}{a}=-\frac{b-c}{a}$$

$$(\alpha+\beta)\times\alpha\beta=-\frac{b}{a}\times\frac{c}{a}=-\frac{bc}{a^2}$$

$\alpha+\beta, \alpha\beta$ を根とする二次方程式は

$$x^2-\left(-\frac{b-c}{a}\right)x-\frac{bc}{a^2}=0$$
$$a^2x^2+a(b-c)x-bc=0$$

(2) $$\frac{1}{\alpha}+\frac{1}{\beta}=\frac{\beta+\alpha}{\alpha\beta}=\left(-\frac{b}{a}\right)\div\frac{c}{a}=-\frac{b}{c}$$

$$\frac{1}{\alpha}\frac{1}{\beta}=\frac{1}{\alpha\beta}=\frac{a}{c}$$

$\frac{1}{\alpha}, \frac{1}{\beta}$ を根とする二次方程式は

$$x^2-\left(-\frac{b}{c}\right)x+\frac{a}{c}=0, \quad cx^2+bx+a=0$$

(3) $\left(\dfrac{1}{\alpha}+\dfrac{1}{\beta}\right)+\dfrac{1}{\alpha\beta}=\dfrac{\beta+\alpha}{\alpha\beta}+\dfrac{1}{\alpha\beta}=-\dfrac{b}{c}+\dfrac{a}{c}$

$$=-\frac{b-a}{c}$$

$$\left(\frac{1}{\alpha}+\frac{1}{\beta}\right)\frac{1}{\alpha\beta}=\frac{\beta+\alpha}{\alpha\beta}\frac{1}{\alpha\beta}=\left(-\frac{b}{c}\right)\frac{a}{c}=-\frac{ab}{c^2}$$

$\dfrac{1}{\alpha}+\dfrac{1}{\beta},\dfrac{1}{\alpha\beta}$ を根とする二次方程式は

$$x^2-\left(-\frac{b-a}{c}\right)x-\frac{ab}{c^2}=0$$

$$c^2x^2+c(b-a)x-ab=0$$

(4) $\alpha^3+\beta^3=(\alpha+\beta)^3-3\alpha\beta(\alpha+\beta)$

$$=\left(-\frac{b}{a}\right)^3-3\frac{c}{a}\times\left(-\frac{b}{a}\right)$$

$$=-\frac{b^3}{a^3}+\frac{3bc}{a^2}=-\frac{b^3-3abc}{a^3}$$

$$\alpha^3\beta^3=(\alpha\beta)^3=\left(\frac{c}{a}\right)^3=\frac{c^3}{a^3}$$

α^3,β^3 を根とする二次方程式は

$$x^2-\left(-\frac{b^3-3abc}{a^3}\right)x+\frac{c^3}{a^3}=0$$

$$a^3x^2+(b^3-3abc)x+c^3=0$$

(5) $(\alpha^2+\beta)+(\alpha+\beta^2)=(\alpha^2+\beta^2)+(\alpha+\beta)$

$$=(\alpha^2+2\alpha\beta+\beta^2)-2\alpha\beta+(\alpha+\beta)$$

$$=(\alpha+\beta)^2-2\alpha\beta+(\alpha+\beta)$$

$$=\left(-\frac{b}{a}\right)^2-2\frac{c}{a}+\left(-\frac{b}{a}\right)$$

$$=\frac{b^2}{a^2}-\frac{2c}{a}-\frac{b}{a}$$

$$=\frac{b^2-ab-2ac}{a^2}$$

$(\alpha^2+\beta)\times(\alpha+\beta^2)=\alpha^3+\beta^3+\alpha^2\beta^2+\alpha\beta$

$$=(\alpha+\beta)^3-3\alpha\beta(\alpha+\beta)+\alpha^2\beta^2+\alpha\beta$$

$$=\left(-\frac{b}{a}\right)^3-3\frac{c}{a}\left(-\frac{b}{a}\right)+\left(\frac{c}{a}\right)^2+\frac{c}{a}$$

$$=-\frac{b^3}{a^3}+\frac{3bc}{a^2}+\frac{c^2}{a^2}+\frac{c}{a}$$

$$=-\frac{b^3-3abc-ac^2-a^2c}{a^3}$$

したがって，$\alpha^2+\beta,\alpha+\beta^2$ を根とする二次方程式は

$$x^2-\frac{b^2-ab-2ac}{a^2}x-\frac{b^3-3abc-ac^2-a^2c}{a^3}=0$$

$$a^3x^2-a(b^2-ab-2ac)x-(b^3-3abc-ac^2-a^2c)=0$$

(6) $(\alpha^2-\beta)+(\beta^2-\alpha)=(\alpha^2+\beta^2)-(\alpha+\beta)$

$$=(\alpha^2+2\alpha\beta+\beta^2)-2\alpha\beta-(\alpha+\beta)$$

$$=(\alpha+\beta)^2-2\alpha\beta-(\alpha+\beta)$$

$$=\left(-\frac{b}{a}\right)^2-2\frac{c}{a}-\left(-\frac{b}{a}\right)$$

$$=\frac{b^2}{a^2}-\frac{2c}{a}+\frac{b}{a}$$

$$=\frac{b^2-2ac+ab}{a^2}$$

$(\alpha^2-\beta)\times(\beta^2-\alpha)=\alpha^2\beta^2-\alpha^3-\beta^3+\alpha\beta$

$$=\alpha^2\beta^2-(\alpha+\beta)^3+3\alpha\beta(\alpha+\beta)+\alpha\beta$$

$$=\left(\frac{c}{a}\right)^2-\left(-\frac{b}{a}\right)^3+3\frac{c}{a}\left(-\frac{b}{a}\right)+\frac{c}{a}$$

$$=\frac{c^2}{a^2}+\frac{b^3}{a^3}-\frac{3bc}{a^2}+\frac{c}{a}$$

$$=\frac{b^3-3abc+ac^2+a^2c}{a^3}$$

$\alpha^2-\beta,\beta^2-\alpha$ を根とする二次方程式は

$$x^2-\frac{b^2-2ac+ab}{a^2}x+\frac{b^3-3abc+ac^2+a^2c}{a^3}=0$$

$$a^3x^2-a(b^2-2ac+ab)x+(b^3-3abc+ac^2+a^2c)=0$$

❖ 第 8 章　三次方程式の根と係数の関係

問題 1　三次方程式の根と係数の関係を使う．

$$\alpha+\beta+\gamma=3,\quad \alpha\beta+\beta\gamma+\gamma\alpha=6,\quad \alpha\beta\gamma=5$$

(1) $(\alpha+1)+(\beta+1)+(\gamma+1)=(\alpha+\beta+\gamma)+3$

$$=3+3=6$$

$(\alpha+1)(\beta+1)+(\beta+1)(\gamma+1)+(\gamma+1)(\alpha+1)$

$$=(\alpha\beta+\beta\gamma+\gamma\alpha)+2(\alpha+\beta+\gamma)+3$$

$$=6+2\times3+3=15$$

$(\alpha+1)(\beta+1)(\gamma+1)=\alpha\beta\gamma+(\alpha\beta+\beta\gamma+\gamma\alpha)+(\alpha+\beta+\gamma)+1$

$$=5+6+3+1=15$$

求める三次方程式は，$x^3-6x^2+15x-15=0$.

(2)　$(\alpha+\beta)+(\beta+\gamma)+(\gamma+\alpha) = 2(\alpha+\beta+\gamma)$
$= 2\times3 = 6$

$$\begin{aligned}&(\alpha+\beta)(\beta+\gamma)+(\beta+\gamma)(\gamma+\alpha)+(\gamma+\alpha)(\alpha+\beta)\\ &= (\alpha^2+\beta^2+\gamma^2)+3(\alpha\beta+\beta\gamma+\gamma\alpha)\\ &= (\alpha^2+\beta^2+\gamma^2+2\alpha\beta+2\beta\gamma+2\gamma\alpha)\\ &\quad+(\alpha\beta+\beta\gamma+\gamma\alpha)\\ &= (\alpha+\beta+\gamma)^2+(\alpha\beta+\beta\gamma+\gamma\alpha) = 3^2+6 = 15\end{aligned}$$

$z=\alpha+\beta+\gamma=3$ とおけば

$$\begin{aligned}(\beta+\gamma)(\gamma+\alpha)(\alpha+\beta) &= (z-\alpha)(z-\beta)(z-\gamma)\\ &= z^3-(\alpha+\beta+\gamma)z^2\\ &\quad+(\alpha\beta+\beta\gamma+\gamma\alpha)z-\alpha\beta\gamma\\ &= z^3-3z^2+6z-5\\ &= 3^3-3\times3^2+6\times3-5 = 13\end{aligned}$$

求める三次方程式は，$x^3-6x^2+15x-13=0$.

(3)　$\alpha\beta+\beta\gamma+\gamma\alpha = 6$

$$\begin{aligned}\alpha\beta\times\beta\gamma+\beta\gamma\times\gamma\alpha+\gamma\alpha\times\alpha\beta &= \beta^2\gamma\alpha+\gamma^2\alpha\beta+\alpha^2\beta\gamma\\ &= (\alpha+\beta+\gamma)\alpha\beta\gamma\\ &= 3\times5 = 15\end{aligned}$$

$$\alpha\beta\times\beta\gamma\times\gamma\alpha = \alpha^2\beta^2\gamma^2 = (\alpha\beta\gamma)^2 = 5^2 = 25$$

求める三次方程式は，$x^3-6x^2+15x-25=0$.

(4)　
$$\begin{aligned}&\left(\frac{1}{\alpha}+1\right)+\left(\frac{1}{\beta}+1\right)+\left(\frac{1}{\gamma}+1\right)\\ &= \left(\frac{1}{\alpha}+\frac{1}{\beta}+\frac{1}{\gamma}\right)+3\\ &= \frac{\alpha\beta+\beta\gamma+\gamma\alpha}{\alpha\beta\gamma}+3 = \frac{6}{5}+3 = \frac{21}{5}\end{aligned}$$

$$\begin{aligned}&\left(\frac{1}{\alpha}+1\right)\left(\frac{1}{\beta}+1\right)+\left(\frac{1}{\beta}+1\right)\left(\frac{1}{\gamma}+1\right)\\ &\quad+\left(\frac{1}{\gamma}+1\right)\left(\frac{1}{\alpha}+1\right)\\ &= \left(\frac{1}{\beta\gamma}+\frac{1}{\gamma\alpha}+\frac{1}{\alpha\beta}\right)+2\left(\frac{1}{\alpha}+\frac{1}{\beta}+\frac{1}{\gamma}\right)+3\\ &= \frac{\alpha+\beta+\gamma}{\alpha\beta\gamma}+2\left(\frac{1}{\alpha}+\frac{1}{\beta}+\frac{1}{\gamma}\right)+3\\ &= \frac{3}{5}+2\times\frac{6}{5}+3 = \frac{30}{5}\end{aligned}$$

$$\begin{aligned}&\left(\frac{1}{\alpha}+1\right)\left(\frac{1}{\beta}+1\right)\left(\frac{1}{\gamma}+1\right)\\ &= \frac{1}{\alpha\beta\gamma}+\left(\frac{1}{\beta\gamma}+\frac{1}{\gamma\alpha}+\frac{1}{\alpha\beta}\right)+\left(\frac{1}{\alpha}+\frac{1}{\beta}+\frac{1}{\gamma}\right)+1\\ &= \frac{1}{5}+\frac{3}{5}+\frac{6}{5}+1 = \frac{15}{5}\end{aligned}$$

求める三次方程式は，$x^3-\frac{21}{5}x^2+\frac{30}{5}x-\frac{15}{5}=0$，$5x^3-21x^2+30x-15=0$.

(5)　
$$\begin{aligned}&\left(\alpha+\frac{1}{\alpha}\right)+\left(\beta+\frac{1}{\beta}\right)+\left(\gamma+\frac{1}{\gamma}\right)\\ &= (\alpha+\beta+\gamma)+\left(\frac{1}{\alpha}+\frac{1}{\beta}+\frac{1}{\gamma}\right)\\ &= (\alpha+\beta+\gamma)+\frac{\alpha\beta+\beta\gamma+\gamma\alpha}{\alpha\beta\gamma} = 3+\frac{6}{5} = \frac{21}{5}\end{aligned}$$

$$\begin{aligned}&\left(\beta+\frac{1}{\beta}\right)\left(\gamma+\frac{1}{\gamma}\right)+\left(\gamma+\frac{1}{\gamma}\right)\left(\alpha+\frac{1}{\alpha}\right)\\ &\quad+\left(\alpha+\frac{1}{\alpha}\right)\left(\beta+\frac{1}{\beta}\right)\\ &= (\beta\gamma+\gamma\alpha+\alpha\beta)+\left(\frac{1}{\beta\gamma}+\frac{1}{\gamma\alpha}+\frac{1}{\alpha\beta}\right)\\ &\quad+\left(\frac{\beta}{\gamma}+\frac{\gamma}{\beta}+\frac{\gamma}{\alpha}+\frac{\alpha}{\gamma}+\frac{\alpha}{\beta}+\frac{\beta}{\alpha}\right)\\ &= (\beta\gamma+\gamma\alpha+\alpha\beta)+\frac{\alpha+\beta+\gamma}{\alpha\beta\gamma}\\ &\quad+\left(\frac{\beta}{\gamma}+\frac{\gamma}{\beta}+\frac{\gamma}{\alpha}+\frac{\alpha}{\gamma}+\frac{\alpha}{\beta}+\frac{\beta}{\alpha}\right)\\ &= 6+\frac{3}{5}+\left(\frac{\beta}{\gamma}+\frac{\gamma}{\beta}+\frac{\gamma}{\alpha}+\frac{\alpha}{\gamma}+\frac{\alpha}{\beta}+\frac{\beta}{\alpha}\right)\end{aligned}$$

$S=\frac{\beta}{\gamma}+\frac{\gamma}{\beta}+\frac{\gamma}{\alpha}+\frac{\alpha}{\gamma}+\frac{\alpha}{\beta}+\frac{\beta}{\alpha}$ とおけば

$$S = \frac{\alpha(\beta^2+\gamma^2)+\beta(\gamma^2+\alpha^2)+\gamma(\alpha^2+\beta^2)}{\alpha\beta\gamma}$$

$z=\alpha^2+\beta^2+\gamma^2$ とおけば

$$z = (\alpha+\beta+\gamma)^2-2(\beta\gamma+\gamma\alpha+\alpha\beta) = 3^2-2\times6 = -3$$

［ここで，自乗の和が負数という奇妙なことになっていますが，目をつむって計算をつづけることにします.］

$$\begin{aligned}S &= \frac{\alpha(z-\alpha^2)+\beta(z-\beta^2)+\gamma(z-\gamma^2)}{\alpha\beta\gamma}\\ &= \frac{\alpha+\beta+\gamma}{\alpha\beta\gamma}z-\frac{\alpha^3+\beta^3+\gamma^3}{\alpha\beta\gamma}\\ &= \frac{\alpha+\beta+\gamma}{\alpha\beta\gamma}z-\frac{\alpha^3+\beta^3+\gamma^3-3\alpha\beta\gamma}{\alpha\beta\gamma}-3\end{aligned}$$

$$\begin{aligned}&\alpha^3+\beta^3+\gamma^3-3\alpha\beta\gamma\\ &= (\alpha+\beta+\gamma)\{(\alpha^2+\beta^2+\gamma^2)-(\beta\gamma+\gamma\alpha+\alpha\beta)\}\\ &= (\alpha+\beta+\gamma)\{z-(\beta\gamma+\gamma\alpha+\alpha\beta)\}\\ &= 3\times(-3-6) = -27\end{aligned}$$

$$S=\frac{\alpha+\beta+\gamma}{\alpha\beta\gamma}z-\frac{\alpha^3+\beta^3+\gamma^3-3\alpha\beta\gamma}{\alpha\beta\gamma}-3$$

$$=\frac{3}{5}\times(-3)-\left(-\frac{27}{5}\right)-3=-\frac{9}{5}+\frac{27}{5}-3=\frac{3}{5}$$

$$\left(\beta+\frac{1}{\beta}\right)\left(\gamma+\frac{1}{\gamma}\right)+\left(\gamma+\frac{1}{\gamma}\right)\left(\alpha+\frac{1}{\alpha}\right)$$

$$+\left(\alpha+\frac{1}{\alpha}\right)\left(\beta+\frac{1}{\beta}\right)$$

$$=6+\frac{3}{5}+S=6+\frac{3}{5}+\frac{3}{5}=\frac{36}{5}$$

$$\left(\alpha+\frac{1}{\alpha}\right)\left(\beta+\frac{1}{\beta}\right)\left(\gamma+\frac{1}{\gamma}\right)$$

$$=\frac{(\alpha^2+1)(\beta^2+1)(\gamma^2+1)}{\alpha\beta\gamma}$$

$$=\frac{1}{\alpha\beta\gamma}\left(\alpha^2\beta^2\gamma^2+1+\beta^2\gamma^2+\gamma^2\alpha^2+\alpha^2\beta^2+\alpha^2+\beta^2+\gamma^2\right)$$

$$=\frac{1}{\alpha\beta\gamma}\{\alpha^2\beta^2\gamma^2+1+(\beta\gamma+\gamma\alpha+\alpha\beta)^2$$
$$-2\alpha\beta\gamma(\alpha+\beta+\gamma)+(\alpha+\beta+\gamma)^2$$
$$-2(\beta\gamma+\gamma\alpha+\alpha\beta)\}$$

$$=\frac{1}{5}(5^2+1+6^2-2\times5\times3+3^2-2\times6)$$

$$=\frac{1}{5}(25+1+36-30+9-12)=\frac{29}{5}$$

求める三次方程式は，$x^3-\frac{21}{5}x^2+\frac{36}{5}x-\frac{29}{5}=0$，$5x^3-21x^2+36x-29=0$.

(6) $$\left(\frac{1}{\alpha}+\frac{1}{\beta}\right)+\left(\frac{1}{\beta}+\frac{1}{\gamma}\right)+\left(\frac{1}{\gamma}+\frac{1}{\alpha}\right)$$

$$=2\times\left(\frac{1}{\alpha}+\frac{1}{\beta}+\frac{1}{\gamma}\right)$$

$$=2\times\frac{\alpha\beta+\beta\gamma+\gamma\alpha}{\alpha\beta\gamma}=2\times\frac{6}{5}=\frac{12}{5}$$

$$\left(\frac{1}{\alpha}+\frac{1}{\beta}\right)\left(\frac{1}{\beta}+\frac{1}{\gamma}\right)+\left(\frac{1}{\beta}+\frac{1}{\gamma}\right)\left(\frac{1}{\gamma}+\frac{1}{\alpha}\right)$$

$$+\left(\frac{1}{\gamma}+\frac{1}{\alpha}\right)\left(\frac{1}{\alpha}+\frac{1}{\beta}\right)$$

$$=\left(\frac{1}{\alpha^2}+\frac{1}{\beta^2}+\frac{1}{\gamma^2}\right)+3\left(\frac{1}{\alpha\beta}+\frac{1}{\beta\gamma}+\frac{1}{\gamma\alpha}\right)$$

$$=\left(\frac{1}{\alpha}+\frac{1}{\beta}+\frac{1}{\gamma}\right)^2+\left(\frac{1}{\alpha\beta}+\frac{1}{\beta\gamma}+\frac{1}{\gamma\alpha}\right)$$

$$=\left(\frac{\alpha\beta+\beta\gamma+\gamma\alpha}{\alpha\beta\gamma}\right)^2+\frac{\alpha+\beta+\gamma}{\alpha\beta\gamma}$$

$$=\left(\frac{6}{5}\right)^2+\frac{3}{5}=\frac{36}{25}+\frac{3}{5}=\frac{51}{25}$$

$$\left(\frac{1}{\alpha}+\frac{1}{\beta}\right)\left(\frac{1}{\beta}+\frac{1}{\gamma}\right)\left(\frac{1}{\gamma}+\frac{1}{\alpha}\right)$$

$$=\frac{(\alpha+\beta)(\beta+\gamma)(\gamma+\alpha)}{\alpha^2\beta^2\gamma^2}$$

$$=\frac{1}{\alpha^2\beta^2\gamma^2}\{(\alpha^2\beta+\alpha\beta^2)+(\beta^2\gamma+\beta\gamma^2)$$
$$+(\gamma^2\alpha+\gamma\alpha^2)+2\alpha\beta\gamma\}$$

$$\{\ \}=(\alpha^2\beta+\alpha\beta^2+\alpha\beta\gamma)+(\beta^2\gamma+\beta\gamma^2+\alpha\beta\gamma)$$
$$+(\gamma^2\alpha+\gamma\alpha^2+\alpha\beta\gamma)-\alpha\beta\gamma$$
$$=(\alpha+\beta+\gamma)(\alpha\beta+\beta\gamma+\gamma\alpha)-\alpha\beta\gamma$$

$$\left(\frac{1}{\alpha}+\frac{1}{\beta}\right)\left(\frac{1}{\beta}+\frac{1}{\gamma}\right)\left(\frac{1}{\gamma}+\frac{1}{\alpha}\right)$$

$$=\frac{1}{\alpha^2\beta^2\gamma^2}\{(\alpha+\beta+\gamma)(\alpha\beta+\beta\gamma+\gamma\alpha)-\alpha\beta\gamma\}$$

$$=\frac{1}{25}\times(3\times6-5)=\frac{13}{25}$$

求める三次方程式は，$x^3-\frac{12}{5}x^2+\frac{51}{25}x-\frac{13}{25}=0$，$25x^3-60x^2+51x-13=0$.

❖ 第9章　等差級数と等比級数

問題1　この等差数列の公差を d とすれば，最後の項 b は

$$b=a+(n-1)d,\quad 2a+(n-1)d=a+b$$

$$S=\frac{1}{2}(2a+\overline{n-1}d)\times n=\frac{1}{2}(a+b)\times n$$

問題2　$$S=\frac{a+b}{2}\times n$$

$$435=\frac{8+50}{2}\times n=29n,\quad n=435\div29=15$$

問題3　この等差数列の公差を d とすれば

$$2S=n(2a+\overline{n-1}d)=2na+n(n-1)d$$
$$n(n-1)d=2S-2na$$

$a=8$，$n=30$，$S=-630$ のとき

$$30\times29\times d=2\times(-630)-2\times30\times8$$
$$870d=-1260-480=-1740,$$
$$d=(-1740)\div870=-2$$

問題4　$$S=(2\times\overline{n+1}-1)+(2\times\overline{n+2}-1)+\cdots$$
$$+(2\times\overline{2n-1}-1)+(2\times2n-1)$$

問題解答　9章

$$S = (2\times 2n-1)+(2\times\overline{2n-1}-1)+\cdots$$
$$+(2\times\overline{n+2}-1)+(2\times\overline{n+1}-1)$$
$$2S = \{(2\times\overline{n+1}-1)+(2\times 2n-1)\}$$
$$+\{(2\times\overline{n+2}-1)+(2\times\overline{2n-1}-1)\}$$
$$+\cdots$$
$$+\{(2\times\overline{2n-1}-1)+(2\times\overline{n+2}-1)\}$$
$$+\{(2\times 2n-1)+(2\times\overline{n+1}-1)\}$$
$$= 2\times 3n+2\times 3n+\cdots+2\times 3n+2\times 3n$$
$$= 2\times 3n^2$$
$$S = 3n^2$$

問題 5 $S = (2\times\overline{n+1}-1)+(2\times\overline{n+2}-1)+\cdots$
$$+(2\times\overline{m-1}-1)+(2m-1)$$
$$S = (2m-1)+(2\times\overline{m-1}-1)+\cdots$$
$$+(2\times\overline{n+2}-1)+(2\times\overline{n+1}-1)$$
$$2S = \{(2\times\overline{n+1}-1)+(2m-1)\}$$
$$+\{(2\times\overline{n+2}-1)+(2\times\overline{m-1}-1)\}+\cdots$$
$$+\{(2\times\overline{m-1}-1)+(2\times\overline{n+2}-1)\}$$
$$+\{(2m-1)+(2\times\overline{n+1}-1)\}$$
$$= 2(m+n)+2(m+n)+\cdots$$
$$+2(m+n)+2(m+n) \qquad [m-n \text{ 個}]$$
$$= 2(m+n)\times(m-n)$$
$$S = (m+n)\times(m-n)$$

問題 6 $S_n = 1^2+2^2+\cdots+(n-1)^2+n^2$
$$x^3-(x-1)^3 = x^3-(x^3-3x^2+3x-1)$$
$$= 3x^2-3x+1$$

この式で，$x=1, 2, \cdots, n-1, n$ とおけば
$$1^3-0^3 = 3\times 1^2-3\times 1+1$$
$$2^3-1^3 = 3\times 2^2-3\times 2+1$$
$$\cdots$$
$$(n-1)^3-(n-2)^3 = 3(n-1)^2-3(n-1)+1$$
$$n^3-(n-1)^3 = 3n^2-3n+1$$
$$n^3 = 3\times\left\{1^2+2^2+\cdots+(n-1)^2+n^2\right\}$$
$$-3\times\{1+2+\cdots+(n-1)+n\}+n$$
$$= 3\times S_n-3\times\frac{1}{2}\times(n+1)\times n+n$$
$$= 3S_n-\frac{3}{2}n(n+1)+n$$
$$3S_n = n^3+\frac{3}{2}n(n+1)-n$$
$$= \frac{1}{2}\{2n^3+3n(n+1)-2n\}$$
$$= \frac{1}{2}n(n+1)(2n+1)$$
$$S_n = \frac{1}{6}n(n+1)(2n+1)$$

注意 この公式はつぎのようにして証明することもできる．まず，$n=1$ のとき
$$S_1 = 1^2 = 1$$
$$\frac{1}{6}\times 1\times(1+1)\times(2\times 1+1) = \frac{1}{6}\times 1\times 2\times 3 = 1$$
$$S_1 = \frac{1}{6}\times 1\times(1+1)\times(2\times 1+1)$$

上の公式が n のときに正しいと仮定して，$n+1$ のときにも正しいことを示す．つまり
$$S_n = \frac{1}{6}n(n+1)(2n+1)$$
を仮定して
$$S_{n+1} = \frac{1}{6}(n+1)(\overline{n+1}+1)(2\times\overline{n+1}+1)$$
を導きだす．
$$S_n = \frac{1}{6}n(n+1)(2n+1)$$
の両辺に $(n+1)^2$ を足せば
$$S_{n+1} = S_n+(n+1)^2$$
$$= \frac{1}{6}n(n+1)(2n+1)+(n+1)^2$$
$$= \frac{1}{6}(n+1)\{n(2n+1)+6(n+1)\}$$
$$= \frac{1}{6}(n+1)\{(2n^2+n)+6(n+1)\}$$
$$= \frac{1}{6}(n+1)(2n^2+7n+6)$$
$$= \frac{1}{6}(n+1)(n+2)(2n+3)$$
$$= \frac{1}{6}(n+1)(\overline{n+1}+1)(2\times\overline{n+1}+1)$$
$$S_{n+1} = \frac{1}{6}(n+1)(\overline{n+1}+1)(2\times\overline{n+1}+1)$$

このようにして，問題 6 の公式は $n=1$ のときに正しく，また n のときに正しいとすれば，$n+1$ のときに正しいことを示すことができた．したがって，この公式はすべての正の整数 n について正しいことが示された．

問題 7

(1) $S_n = 1+10+10^2+\cdots+10^{n-2}+10^{n-1}$

$$= \frac{10^n-1}{10-1} = \frac{10^n-1}{9}$$

$$\lim_{n\to\infty} S_n = +\infty$$

(2) $$S_n = 5+5\times\left(-\frac{1}{2}\right)+5\times\left(-\frac{1}{2}\right)^2+\cdots$$
$$+5\times\left(-\frac{1}{2}\right)^{n-2}+5\times\left(-\frac{1}{2}\right)^{n-1}$$
$$= 5\times\frac{1-\left(-\frac{1}{2}\right)^n}{1-\left(-\frac{1}{2}\right)} = \frac{10}{3}\times\left\{1-\left(-\frac{1}{2}\right)^n\right\}$$

$$\lim_{n\to\infty} S_n = \frac{10}{3}$$

(3) $$S_n = 1+\left(-\frac{1}{3}\right)+\left(-\frac{1}{3}\right)^2+\cdots$$
$$+\left(-\frac{1}{3}\right)^{n-2}+\left(-\frac{1}{3}\right)^{n-1}$$
$$= \frac{1-\left(-\frac{1}{3}\right)^n}{1-\left(-\frac{1}{3}\right)} = \frac{3}{4}\times\left\{1-\left(-\frac{1}{3}\right)^n\right\}$$

$$\lim_{n\to\infty} S_n = \frac{3}{4}$$

(4) $$S_n = 1+\left(-\frac{9}{10}\right)+\left(-\frac{9}{10}\right)^2+\cdots$$
$$+\left(-\frac{9}{10}\right)^{n-2}+\left(-\frac{9}{10}\right)^{n-1}$$
$$= \frac{1-\left(-\frac{9}{10}\right)^n}{1-\left(-\frac{9}{10}\right)} = \frac{10}{19}\times\left\{1-\left(-\frac{9}{10}\right)^n\right\}$$

$$\lim_{n\to\infty} S_n = \frac{10}{19}$$

(5) $$S_n = 1+3+3^2+\cdots+3^{n-2}+3^{n-1}$$
$$= \frac{1}{2}\times(3^n-1)$$

$$\lim_{n\to\infty} S_n = +\infty$$

(6) $$S_n = 1+(-3)+(-3)^2+\cdots$$
$$+(-3)^{n-2}+(-3)^{n-1}$$
$$= \frac{1}{4}\times\left\{1-(-3)^n\right\}$$

このとき，$\lim_{n\to\infty} S_n$ は確定した値をとらない．

問題 8 a, b, c が等比数列をなすとき

$$b = ar, \quad c = br = ar^2$$

となるような数 r が存在する．したがって

$$\frac{1}{a+b} = \frac{1}{a+ar} = \frac{1}{a}\frac{1}{1+r}$$

$$\frac{1}{2b} = \frac{1}{2ar} = \frac{1}{a}\frac{1}{2r}$$

$$\frac{1}{b+c} = \frac{1}{ar+ar^2} = \frac{1}{a}\frac{1}{r(1+r)}$$

$$\frac{1}{2b}-\frac{1}{a+b} = \frac{1}{a}\frac{1}{2r}-\frac{1}{a}\frac{1}{1+r} = \frac{1}{a}\left(\frac{1}{2r}-\frac{1}{1+r}\right)$$
$$= \frac{1}{a}\frac{1-r}{2r(1+r)}$$

$$\frac{1}{b+c}-\frac{1}{2b} = \frac{1}{a}\frac{1}{r(1+r)}-\frac{1}{a}\frac{1}{2r} = \frac{1}{a}\left\{\frac{1}{r(1+r)}-\frac{1}{2r}\right\}$$
$$= \frac{1}{a}\frac{1-r}{2r(1+r)}$$

$$\frac{1}{2b}-\frac{1}{a+b} = \frac{1}{b+c}-\frac{1}{2b}$$

となり，等差数列．

問題 9 この等比級数の初項を a とし，公比を r とすれば

$$S_n = a\frac{1-r^n}{1-r} = \frac{a}{1-r}(1-r^n)$$

$$S_{2n} = a\frac{1-r^{2n}}{1-r} = \frac{a}{1-r}(1-r^{2n})$$

$$S_{3n} = a\frac{1-r^{3n}}{1-r} = \frac{a}{1-r}(1-r^{3n})$$

$$(S_n)^2+(S_{2n})^2 = a^2\left(\frac{1-r^n}{1-r}\right)^2+a^2\left(\frac{1-r^{2n}}{1-r}\right)^2$$
$$= \frac{a^2}{(1-r)^2}(1-r^n)^2\{1+(1+r^n)^2\}$$
$$= \frac{a^2}{(1-r)^2}(1-r^n)^2\{1+(1+2r^n+r^{2n})\}$$
$$= \frac{a^2}{(1-r)^2}(1-r^n)^2(2+2r^n+r^{2n})$$
$$= \frac{a^2}{(1-r)^2}(1-r^n)(2-r^{2n}-r^{3n})$$
$$= \frac{a^2}{(1-r)^2}(1-r^n)\{(1-r^{2n})+(1-r^{3n})\}$$
$$= a^2\frac{1-r^n}{1-r}\left(\frac{1-r^{2n}}{1-r}+\frac{1-r^{3n}}{1-r}\right)$$

$$(S_n)^2+(S_{2n})^2 = S_n(S_{2n}+S_{3n})$$

問題 10

$$S_n = 1+2r+3r^2+\cdots+(n-1)r^{n-2}+nr^{n-1}$$
$$rS_n = r+2r^2+3r^3+\cdots+(n-1)r^{n-1}+nr^n$$
$$S_n-rS_n = 1+r+r^2+\cdots+r^{n-1}-nr^n$$
$$(1-r)S_n = \frac{1-r^n}{1-r}-nr^n$$
$$S_n = \frac{1-r^n}{(1-r)^2}-n\frac{r^n}{1-r}$$

問題 11

$$S_n = 1+2r+3r^2+\cdots+(n-1)r^{n-2}+nr^{n-1}$$
$$= \frac{1-r^n}{(1-r)^2}-n\frac{r^n}{1-r}$$
$$\lim_{n\to\infty} S_n = \lim_{n\to\infty}\frac{1-r^n}{(1-r)^2}-\lim_{n\to\infty} n\frac{r^n}{1-r} = \frac{1}{(1-r)^2}$$

$\lim_{n\to\infty} n\frac{r^n}{1-r}=0$ はむずかしいので，あとの巻で説明します．

❖ 第 10 章　不等式を証明する

問題 1　2 つの数 $\frac{x}{\sqrt{5}}, \frac{\sqrt{5}}{x}$ の算術平均 m，幾何平均 p は

$$m = \frac{1}{2}\left(\frac{x}{\sqrt{5}}+\frac{\sqrt{5}}{x}\right), \quad p = \sqrt{\frac{x}{\sqrt{5}}\times\frac{\sqrt{5}}{x}} = 1$$

したがって，

$$m = \frac{1}{2}\left(\frac{x}{\sqrt{5}}+\frac{\sqrt{5}}{x}\right) \geqq p = 1$$

両辺に $2\sqrt{5}$ を掛けて，

$$x+\frac{5}{x} \geqq 2\sqrt{5}$$

等号が成立するのは，$\frac{x}{\sqrt{5}}=\frac{\sqrt{5}}{x}$ の場合にかぎる．

このとき，両辺に $\sqrt{5}x$ を掛けて

$$x^2 = 5, \quad x = \sqrt{5} \quad (x>0)$$

問題 2　$a=\frac{x}{\sqrt{5}}$，$b=\frac{\sqrt{5}}{x}$ とおいて，その幾何平均 p，調和平均 h をとれば

$$p = \sqrt{ab} = \sqrt{\frac{x}{\sqrt{5}}\times\frac{\sqrt{5}}{x}} = 1$$

$$\geqq h = \frac{2ab}{a+b} = \frac{2\frac{x}{\sqrt{5}}\times\frac{\sqrt{5}}{x}}{\frac{x}{\sqrt{5}}+\frac{\sqrt{5}}{x}} = \frac{2}{\frac{x}{\sqrt{5}}+\frac{\sqrt{5}}{x}}$$

$$\frac{x}{\sqrt{5}}+\frac{\sqrt{5}}{x} \geqq 2, \quad x+\frac{5}{x} \geqq 2\sqrt{5}$$

問題 3　$a=3x^2$，$b=5$ とおいて，

$$m = \frac{1}{2}(3x^2+5) \geqq \sqrt{3x^2\times 5} = p$$
$$3x^2+5 \geqq 2\sqrt{15}x$$

等号が成立するのは，$3x^2=5$ の場合にかぎる．$x>0$ だから，$x=\frac{\sqrt{15}}{3}$．

問題 4

$$a^2+b^2-2ab = (a-b)^2 \geqq 0$$
$$a^2+c^2-2ac = (a-c)^2 \geqq 0$$
$$a^2+d^2-2ad = (a-d)^2 \geqq 0$$
$$b^2+c^2-2bc = (b-c)^2 \geqq 0$$
$$b^2+d^2-2bd = (b-d)^2 \geqq 0$$
$$c^2+d^2-2cd = (c-d)^2 \geqq 0$$

この 6 つの不等式の等号がすべて成立するのは a, b, c, d がすべて等しい場合にかぎる．

この 6 つの不等式の両辺を足し合わせると

$$3(a^2+b^2+c^2+d^2)-2(ab+ac+ad+bc+bd+cd)$$
$$= (a-b)^2+(a-c)^2+(a-d)^2 +(b-c)^2+(b-d)^2+(c-d)^2 \geqq 0$$

問題 5　2 つの正数 a, b について，$\frac{a+b}{2} \geqq \sqrt{ab}$．同じように，2 つの正数 c, d について，$\frac{c+d}{2} \geqq \sqrt{cd}$．

つぎに，2 つの正数 $\frac{a+b}{2}, \frac{c+d}{2}$ について

$$m = \frac{1}{2}\left(\frac{a+b}{2}+\frac{c+d}{2}\right) \geqq p = \sqrt{\frac{a+b}{2}\times\frac{c+d}{2}}$$
$$m = \frac{1}{2}\left(\frac{a+b}{2}+\frac{c+d}{2}\right) = \frac{1}{4}(a+b+c+d)$$
$$p = \sqrt{\frac{a+b}{2}\times\frac{c+d}{2}} \geqq \sqrt{\sqrt{ab}\times\sqrt{cd}} = \sqrt[4]{abcd}$$

問題 6　a, b, c, d に問題 5 を適用して

$$\frac{1}{4}(a+b+c+d) \geqq \sqrt[4]{abcd}$$

等号が成立するのは a, b, c, d がすべて等しい場合にかぎる．

$\frac{1}{a}, \frac{1}{b}, \frac{1}{c}, \frac{1}{d}$ に問題5を適用して

$$\frac{1}{4}\left(\frac{1}{a}+\frac{1}{b}+\frac{1}{c}+\frac{1}{d}\right) \geqq \sqrt[4]{\frac{1}{abcd}}$$

等号が成立するのは a, b, c, d がすべて等しい場合にかぎる.

この2つの不等式の両辺を掛け合わせればよい.

問題7
$$\left(\frac{3x+5y}{2}\right)^2 \geqq 3x \times 5y$$
(等号が成立するのは $3x=5y$ のとき)

xy が最大になるような x, y の値は $3x=5y=\frac{1}{2}\times 120=60$.

$$x=20, \quad y=12, \quad xy=240$$

問題8 $x, y>0$ の場合を考えればよい.

$$x^2+y^2=(x+y)^2-2xy=144-2xy$$

だから, x^2+y^2 の最小は xy の最大を意味する. つぎの不等式を考える.

$$\frac{1}{2}(x+y) \geqq \sqrt{xy}$$
(等号が成立するのは, $x=y$ のとき)

xy が最大になるような x, y の値は $x=y=\frac{1}{2}\times 12=6$, $x^2+y^2=72$.

問題9 a を任意の正数として, $x^2+y^2=a$ をみたす x^2, y^2 のなかで, x^4+y^4 を最小になるようにする. この最小解は $x^2=y^2=\frac{1}{2}a$ のときで

$$x^4+y^4=\frac{1}{2}a^2$$

したがって, x^4+y^4 を最小にするには, 上の問題での a^2 を最小にすればよい.

$$x=y=\frac{1}{2}\times 6=3, \quad a=18, \quad x^4+y^4=162$$

問題10

$$\begin{aligned}3(x^2+y^2+z^2) &= (x+y+z)^2+(x-y)^2+(y-z)^2+(z-x)^2 \\ &= 225+(x-y)^2+(y-z)^2+(z-x)^2\end{aligned}$$

したがって, $x^2+y^2+z^2$ の最小値は $x=y=z=5$ のとき, その値は75となる.

問題11

$$\begin{aligned}3(x^4+y^4+z^4) = (x^2+y^2+z^2)^2+(x^2-y^2)^2 \\ +(y^2-z^2)^2+(z^2-x^2)^2\end{aligned}$$

したがって, $x=y=z$ のとき, 問題10より $x^2+y^2+z^2$ も最小になるので, $x^4+y^4+z^4$ の最小値は

$$x=y=z=5, \quad x^4+y^4+z^4=1875$$

問題12
$$x^3+y^3+z^3 \geqq 3xyz$$
(等号が成立するのは, $x=y=z$ のとき)

$x^3+y^3+z^3$ が最小となるのは, $x=y=z=6$, $x^3+y^3+z^3=648$.

宇沢弘文(1928～2014)
東京大学理学部数学科卒業，スタンフォード大学助教授，シカゴ大学教授，東京大学教授，新潟大学教授，中央大学教授など歴任.
専攻ー経済学
主著ー『自動車の社会的費用』
『経済学の考え方』
『社会的共通資本』(以上，岩波新書)
『二十世紀を超えて』
『始まっている未来 新しい経済学は可能か』
『宇沢弘文著作集――新しい経済学を求めて』(全12巻)
『経済解析 基礎篇』
『経済解析 展開篇』(以上，岩波書店)

方程式を解く――代数　　新装版 好きになる数学入門1

2015年9月18日　第1刷発行
2019年8月16日　第3刷発行

著　者　宇沢弘文（うざわひろふみ）

発行者　岡本　厚

発行所　株式会社 岩波書店
〒101-8002 東京都千代田区一ツ橋 2-5-5
電話案内 03-5210-4000
https://www.iwanami.co.jp/

印刷製本・法令印刷　カバー・精興社

ISBN 978-4-00-029841-4　Printed in Japan